TO Mati

本書内容に関するお問い合わせについて

このたびは翔泳社の書籍をお買い上げいただき、誠にありがとうございます。弊社では、読者の皆様からのお問い合わせに適切に対応させていただくため、以下のガイドラインへのご協力をお願いいたしております。下記項目をお読みいただき、手順に従ってお問い合わせください。

●ご質問される前に

弊社Webサイトの「正誤表」をご参照ください。これまでに判明した正誤や追加情報を掲載しています。

正誤表　https://www.shoeisha.co.jp/book/errata/

●ご質問方法

弊社Webサイトの「刊行物Q&A」をご利用ください。

刊行物Q&A　https://www.shoeisha.co.jp/book/qa/

インターネットをご利用でない場合は、FAXまたは郵便にて、下記"翔泳社 愛読者サービスセンター"までお問い合わせください。電話でのご質問は、お受けしておりません。

●回答について

回答は、ご質問いただいた手段によってご返事申し上げます。ご質問の内容によっては、回答に数日ないしはそれ以上の期間を要する場合があります。

●ご質問に際してのご注意

本書の対象を超えるもの、記述個所を特定されないもの、また読者固有の環境に起因するご質問等にはお答えできませんので、あらかじめご了承ください。

●郵便物送付先およびFAX番号

送付先住所　〒160-0006　東京都新宿区舟町5
　　　　　　FAX番号 03-5362-3818
　　　　　　宛先　　（株）翔泳社 愛読者サービスセンター

UX
ライティング
の教科書
ユーザーの心をひきつける
マイクロコピーの書き方

キネレット・イフラ 著

仲野佑希 監修　郷司陽子 訳

SE
SHOEISHA

目　次

はじめに

マイクロコピーとは何か、
そして本書には何が書かれているか

マイクロコピーの誕生

2009年、ジョシュア・ポーターは自身のブログ（Bokardoブログ）に "Writing Microcopy（マイクロコピーを書く）" というタイトルの記事を投稿し、あるeコマースのプロジェクト用に作成した決済フォームのことを紹介しました。そこではオンライン取引の5〜10%が、請求書送付先住所の入力欄で発生するエラーのため失敗に終わり、それが利益機会の損失となっていたそうです。そこでポーターは何をしたでしょうか？　彼は、請求書送付先住所の入力欄の隣に、ひとつのメッセージを追加しました。"クレジットカード決済の請求書送付先住所を必ず入力してください"。

"たったそれだけで、エラーはなくなりました" と彼は報告します。"適切なコピーのおかげで、もうこの問題に悩まされずに済むのだということがわかりました。おかげでサポートに費やされていた時間は減り、コンバージョン率の向上によって収益は増えました"。

ポーターはこの出来事についてしばらくの間あれこれと考えをめぐらせ、ひとつの見解に達して、それを読者と共有してくれました。その見解とはつまり、ほんのいくつかの言葉を正しい場所に正しいタイミングで付け加えるだけで、ユーザーエクスペリエンスは劇的に変わる、ということです。それだけでなく彼は、この種のコピーを総称する名前も考案しました。それがマイクロコピーです。

UXLXカンファレンスの講演で彼は、この投稿記事のことを詳しく語り、20分もかからずに書ける短いコピーが驚異的な成功をもたらしたことを改めて報告しました。それは言葉を扱う人なら誰もが夢見るような出来事です。また、この投稿記事には、読者であるUXデザイナーたちからたくさんのコメントが寄せられ、小さいながらもパワフルなこれらの言葉に名前を与えたことへの感謝が伝えられたそうです。

ポーターのブログ記事は、マイクロコピー（またの名をUXライティング、UXコピー）という新たな知識の領域を定義する、最初の一歩でした。それは、ユーザーエクスペリエンスの中核にありながら、誰もがあまり注意を払わず、実践方法を確立して利点を活用することができずにいた領域でした。けれども以後、マイクロコピーの定義は次第に発展し、進化して、コンテンツやコピーという範囲に留まらなくなりました。以下に記すのは、私がもっとも気に入っている定義であり、本書はこの定義に基づいて執筆されています。

マイクロコピー：定義

ユーザーインターフェイスに付記するちょっとした言葉や短文のこと。これは、ユーザーが起こす行動に**直接**影響を与える。

・行動を起こす**前**にモチベーションを向上させる

・行動に**伴って**指示を与える

・行動の後にフィードバックを返す

ユーザーエクスペリエンスにおけるマイクロコピーの役割

長い間、インターフェイスは"すっきりと"デザインし、言葉はできるだけ少なくするのがトレンドでした。言葉が多いとインターフェイスが重たくなり、ユーザーは読む気をなくすと主張する人が大勢いました。言葉の重要性を過小評価し、言葉など誰も読まないと断じる人さえいました。

けれどもコミュニケーションの基本が言葉だというのは、シンプルな事実です。言葉を使うことを止めれば、人と人の関係性の基盤を形作るものが消え去ります。言い換えれば、人間味が感じられ、ユーザーが自分自身との結び付きを見い出せるようなデジタルプロダクトを作りたいなら、言葉は必要です。一日の終わりに、**人々**があなたのプロダクトで目にするのは、言葉を使うことでしか伝えられないコンテンツです。もちろんこの本にも、言葉でしか伝えられない物事がたくさん詰まっています。

マイクロコピーはあなたのデジタルプロダクトに何を与えられるか？

1、ポジティブなユーザーエクスペリエンスを提供し、顧客エンゲージメントを高める
マイクロコピーは、人と機器のすれ違いをなくし、心の通わない機能本位な関係性から離れて、人間味や個性が感じられるエクスペリエンスを提供します。

的確なマイクロコピーは、あなたが提供するユーザーエクスペリエンスに豊かな色彩と深みを与えてくれます。必要な局面で、必要な言葉をユーザーに差し出し、彼らの行動をサポートしましょう。そうした言葉はユーザーの心に働き掛けて笑顔を引き出し、不安を取り除くことができます。

良質なマイクロコピーは、プロダクトとユーザーの間に双方向性のつながりを築き、会話を生み出します。それはとても豊かで、心に響く体験です。人間味や個性が感じられるマ

イクロコピーでユーザーと意思の疎通を図ることができれば、ユーザーはあなたのプロダクトとの関係性をもっと膨らませたいと望み、繰り返し再訪してくれるでしょう。マイクロコピーで、ユーザーの愛情を獲得しましょう。

2、ユーザビリティを向上させる

マイクロコピーは、インターフェイス上の作業がスムーズに進行するようサポートし、さまざまな障壁を軽減します。

必要とされる箇所に的確に表示される良質のマイクロコピーは、行動の過程で発生しがちな問題を防ぐことができます。ですからユーザーは、貴重な時間を無駄にして苛立ったり、サポートが足りないと感じて不満を抱いたりせずに済みます。ほんのいくつかの言葉を、もっとも望ましい場所に正しく表示するだけで、ユーザーエクスペリエンスを悪化させる要因は解消され、ユーザーとあなたのブランドとの関係性が不要なダメージを被る心配はなくなります。

3、ブランディングを強化し差別化を図る

ブランドとターゲット顧客への十分な理解に基づくマイクロコピーは、ブランドの特性を際立たせ、ブランド差別化に役立ちます。

ユーザーがネット上の至るところで目にするのはおそらく、これといった見どころのないありふれたデジタルプロダクトでしょう。けれども優れたマイクロコピーは、プロダクトに豊かな個性と魅力を与えてくれます。研ぎ澄まされた言葉で、ブランドのビジョンや価値を余すところなく伝え、ターゲット顧客に重要なメッセージを届けましょう。そうすれば、ブランドとユーザーとのあらゆるインタラクションを通して、信頼できる一貫したエクスペリエンスを提供することができます。

マイクロコピーが計り知れない可能性を持ち、ブランドとユーザーとの関係性に重要な影響を及ぼすことは、ユーザーインターフェイスの専門家たちに、かなり知られるようになりました。けれどもデジタルプロダクトの設計段階では、マイクロコピーのことは後回しにされやすいようです。その理由は、時間や資金、知識の不足かもしれませんが、制作チームが何から手を付ければよいかわからないだけ、という場合もあるでしょう。

本書の目的は、読者であるあなたに、マイクロコピーを書くための知識とツールを提供することです。マイクロコピーを書くために、コピーライターになる必要はありません。必要なものはすべて、本書の中にあります。

本書を読んでいただきたいのは？

・マイクロコピー（UX）ライター、コピーライター
・UXデザイナー
・ビジュアル/ウェブ/UIデザイナー
・プロダクトマネージャー
・ウェブサイトやアプリのオーナー
・デジタルマーケティングの専門家
・サイト最適化の専門家
・スモールビジネス経営者
・ブロガー
・広告主
・セールス担当者
・優れたインターフェイスに興味のあるすべての方

本書の内容は？

本書『**UXライティングの教科書**』でお読みいただけるのは、ウェブサイトやアプリを開発する際に、ブランドのボイス＆トーン（語り口）をデザインし、それに基づいてマイクロコピーを書くための方法論です。私は長い年月にわたり、実績ある企業やスタートアップ企業、あるいはスモールビジネスのために、ウェブサイトやアプリなどのデジタルプロダクトでマイクロコピーを書き続けてきました。そして、その経験を通して得ることができた数多くの洞察やアドバイス、実用的なツールを、この一冊にまとめました。

あなたのウェブサイトやアプリが、すでに完成し利用されているか、または開設やバージョンアップを計画中であるかは問いません。本書のステップバイステップ方式の解説を読めば、マイクロコピーの書き方のすべてがわかります。

本書の**Part 1**では、ブランドの**ボイス＆トーン**を特定するプロセスを解説し、実際にマイクロコピーを書き始める**前に**判断しておくべき物事を明らかにします。

Part 2では、マイクロコピーが持つ大きな力に注目します。そして、**顧客エンゲージメント**を築き、**建設的で豊かなエクスペリエンス**を提供するうえで、マイクロコピーがどのように役立つかを検証します。

Part 3では、マイクロコピーが**ユーザビリティ**にどれだけ大きな影響を与えるかを考察します。また、**アクセシビリティ**というテーマや、**複雑なシステム**におけるマイクロコピーというテーマも取り上げます。

本書は19の章で構成されています。すべての章で、誰もがすぐに実践できるデジタルプロダクトのためのライティング手法を紹介していきますので、実用的な手引きとして役立ててください。個々の章の内容を大まかに紹介すると、まず冒頭は、各章のテーマに関する基本的な考え方の解説です。続いて、UIのあらゆる構成要素においてその理論を実践する方法を、段階を追って説明していきます。さらに、すべてのガイドラインやツールの背後にあるロジックにも言及し、達成すべき目標を明らかにします。もちろん、多くを学べる事例も多数紹介していきます。

では、そろそろ出発です

本書を読めば、あなたのデジタルエクスペリエンスはきっと変化します。ユーザーという立場においても、エクスペリエンスを提供する立場においても。デジタルプロダクトとユーザーをつなぐ言葉は、ユーザーエクスペリエンスのパズルを完成させる最後のピースです。そこに重要な意味を込めることができれば、それはユーザーの目と心にいつまでも残るはずです。そんな素晴らしいエクスペリエンスを、ぜひ実現しましょう。私たちは日々の暮らしの中で、多くの時間を、デジタルプロダクトとのインタラクションに費やします。そうした貴重な時間を、誰もが快適に過ごせますように。

本書を手に、マイクロコピーの世界で、良い旅を。

キネレット

 本書で紹介する事例の著作権について

本書には、各種のウェブサイトやアプリのスクリーンショットが多数掲載されています。当然、それらのスクリーンショットの中には、著作権により保護されているエレメントが含まれます。具体的には、フォントやビジュアル素材、コピー文などです。したがって、法的な勧告書に基づき、著者はそれらのエレメントの取り扱いに最大の注意を払いました。たとえば、個々の事例において、本書に掲載するのは、メッセージを伝えるために必要な最小限の部分だけに限定しました。また、どうしても必要と思われる箇所以外では、スクリーンショットの使用を控えました。ウェブサイトやアプリにデザイナーの名前が記載されている場合は、その情報を引用しました。それでも、もし本書内に転載が禁止されているエレメントを見つけた場合は、以下の連絡先までご連絡ください。次の版で削除します。microcopy.guide@gmail.com

Part 1

ボイス&トーン

ライティングを始める前に知っておくべきこと

デジタルプロダクトのライターは、タイトルを書き、ユーザー行動を喚起するための言葉を連ねていく作業に取り掛かる前に、ひと呼吸置かなければならないことをよく知っています。まずは、ユーザーの身になって考えをめぐらせなければならないからです：彼らを行動に向かわせるものは何か？　私たちが提供する価値を正しく理解してもらえる言葉は何か？　どうすれば彼らに、私たちのプロダクトまたはサービスが最良のソリューションだと証明できるか？　次に、もう一歩踏み込んだ問い掛けが続きます：それをどんな言葉で言い表すか？　ユーモアを盛り込むか？　スラングや洒落は？　礼儀正しい言葉づかいが必要か？　心を強く揺さぶりたいか、それとも穏やかに落ち着かせたいか？　レトロ志向かハイテク志向か？　クールな都会派か、あるいは大衆路線か？

こうした問い掛けはとても重要です。これがあってこそ、私たちが紡いでいくひとつひとつの言葉は説得力を持ち、良い仕事をするようになります。ただし必要なのは、その都度頭を悩ませることではなく、**知ること**です。あなたはメッセージを書くことを通して、ユーザーのモチベーションを高め、あなたのブランドとのつながりを作ってもらわなければなりません。けれどもひとつのメソッドをあらかじめ理解しておけば、そのメッセージの内容とボイス＆トーン（語り口）はすぐに決められます。

まず、本書の第1章から第3章を読んだうえで、ここに書かれていることを実践する決意をしてください。そうすればもう、ユーザーのモチベーションを高めるために、何をどのように伝えればよいかと頭を悩ませる必要はありません。明確な答えを、必要なときに、いつでも確認できるようになります。

Part1の章構成：

第1章　ボイス＆トーンのデザイン

第2章　会話体ライティング

第3章　モチベーションを高めるマイクロコピー

第1章

ボイス＆トーンの
デザイン

本章の内容

・言葉はユーザーにどのような影響を与えるか
・ボイス＆トーンのデザインとは何か、それを実践するのは
　いつか
・ボイス＆トーンのスタイルガイドを作成するための、ス
　テップバイステップ式完全ガイド

本当のイノベーションとは何か？

私がキャリアの初期に受け持った、大手通信会社のことをお話ししましょう。彼らは、ひどく競争の激しい通信業界で競合他社との差別化を図るための主戦略として、自社プロダクトのデジタルイノベーションを推進し、ユーザーが選択できるオプションを提供し、個々の顧客の個性に応じてエクスペリエンスを最適化することを計画しました。これは要するに、若々しい発想をし、時代の最先端をいき、他社より一歩抜きんでる、というアプローチです。

この方針は、役員会議のたびに強調されました。また、社内向けのブランドブックにも記載され、UXデザインのコンセプトと位置づけられました。彼らが重視したのは、業界のリーダーとして、市場にイノベーティブな新しいプロダクトを送り込むことでした。そして他の多くの企業と同様に、ブランディングに多額の投資をし、この重要な差別化の理念を広く打ち出しました。さらに、そうした企業価値に見合うロゴをデザインし、洗練されたウェブサイトやいくつかのアプリを作成しました。ユーザーインターフェイスの色使いやフォントなども、十分に吟味し厳選しました。そして顧客に、競合他社をはるか後方に引き離したと感じさせるようなユーザーエクスペリエンスを提供しました。

彼らが私の仕事に目を向けたのは、多様なデジタルプロダクトに使われている彼らの言葉、つまり彼らのボイス＆トーンが、15年もの間更新されていないことに気付いたからでした。言葉のことは忘れ去られていたのです。そして当時の彼らは、言葉を一新して、イノベーティブなアプローチにぴったり合わせる方法を知りませんでした。

彼らの当時のボイス＆トーンとマイクロコピーのスタイルを知るために、私はサイトを閲覧し、いくつかのアプリを実際に使ってみました。私はどんな顧客との仕事でも、マイクロコピーのスタイルを明らかにするために、いろいろな操作を実際に試してみます。ですからこのときも同様に、公式サイトにユーザー登録をし、セルフ式の入力操作を完了し、パスワードを復元し、フォームを使って問い合わせをし、404エラーページを発見し、あらゆる入力フォームにわざと間違った情報を入力しました。

この通信会社の現状認識はやはり正しい、というのが結論でした。彼らが使う言葉には、差別化やイノベーションの意識が反映されておらず、全面的な見直しが必要でした。

- 彼ら自身は、自らをイノベーティブな企業と主張しますが、書かれる言葉は旧式の定型文です（"貴重なお問い合わせをありがとうございます"、"登録が無事に完了しました"）。
- 手続きは簡単だとユーザーに伝え、登録を勧めますが、言葉づかいは保険会社のような

堅苦しさです（"登録をご希望の方"）。

・プロダクトが最先端かつ有用であることを伝えようとしながら、今や辞書の中でしか見かけない類いの言葉ばかりを並べます（"検索結果は以下の通りです"）。

・若々しさや躍動感を具現したいはずなのに、言葉はまるでぎこちないロボットです（"データをダウンロード中です。少しお待ちください"）。

・ユーザーのモチベーションを高め、行動を促そうと悪戦苦闘しながら、ユーザーのもっとも強力なモチベーションに働き掛けることを忘れています。

・一番の問題は、彼らが差別化に尽力しながら、誰もが使うような言葉しか使わないことです。

このプロジェクトは私にとって、特にやり甲斐のある仕事のひとつとなりました。ボイス＆トーンのデザインを開始する前は上記のような状況でしたが、プロジェクトが完了するとすぐに、大きな変化が現れたのです。競合他社は同じような対策を講じ始めましたが、それによって私の顧客は、自らの主張を裏付けることができました。つまり彼らはここでも、あらゆる競合他社から一歩抜きんでたわけです。

デジタルプロダクトのボイス＆トーン──人間味のあるつながり

『お世辞を言う機械はお好き？』（邦訳、福村出版）は、スタンフォード大学教授クリフォード・ナスとコリーナ・イェンとの共著です。ナス教授は、人とコンピュータとのインタラクションの研究における第一人者のひとりであり、この本には、彼とイェンによる100回ものインタラクション関連の実験研究結果がまとめられています。

彼の発見によれば、コンピュータを操作する人々は、人間社会で他者とコミュニケーションを取るときの一般的な規範に従います。コンピュータやデジタルインターフェイスと向き合っていても、私たちはそれらがまるで人間であるかのように振る舞うのです。そのことが、彼の研究で繰り返し証明されました。コンピュータと接するとき、私たちは礼儀をわきまえ、相手も礼儀正しく対応してくれることを期待します。それはたとえば、私たちが苦労してひとつのタスクを完了したら誉めてくれるというようなことです。実際、もしもコンピュータが温かいポジティブなフィードバックを提供し、信頼するに足る情緒的な言葉掛けや振る舞いをしてくれたら、私たちは、コンピュータが実行するよう勧めるタスクに対して一層積極的に取り組み、コンピュータからの提案にもっと同意し、コンピュータが伝えてくる物事をもっと信じるようになるでしょう。そして逆に、もしもデジタルプロダクトの振る舞いが私たちの社会的な慣習と一致せず、こちらが期待するような反応をしなかったら、私たちはおそらく気分を害し、失望し、反感さえ抱きかねません。

ここでは何が起きているのでしょうか？　デジタル時代以前に、言葉を使ってコミュニ

ケーションを取るのは人間だけでした。ですから、誰かが言葉を使って私たちに働き掛けてくると、私たちの脳は即座にその存在を人間として認識し、反応するのです。

このように言葉は、デジタルプロダクトをより人間らしく感じさせる重要なファクターです。ユーザーとの距離を縮め、心のこもったつながりを形作り、行動への動機づけをする働きが、言葉にはあります。けれども言葉がそのような効果を発揮するためには、そのデジタルプロダクト自体が社会の慣習にしっくり馴染んで違和感がなく、信頼するに足るものでなければなりません。

ボイス&トーン次第でユーザーの受け止め方が変わる

デジタルプロダクトの中には、各種の性質が調和を欠き、非言語的要素（たとえば全体的な雰囲気）と言語的要素（たとえばコンテンツそのもの）が食い違っているものも少なくありません。そのような場合、人々はどのようにそれを受け止め、反応するでしょうか。それを調べたナス教授は、ユーザーがそうしたプロダクトを、掴みどころがなく信頼できないと捉えることを突き止めました。そのようなプロダクトが差し出すストーリーは、ユーザーに対して説得力を持たず、ユーザーの心を動かすことはできません。

反対に、言語的要素と非言語的要素に一貫性があり、両者が互いを補い合うようなプロダクトだと、ユーザーはそれを、知的で楽しく、説得力に富むと受け取りました。それだけではありません。ユーザーはメッセージをより良く理解したし、感情を働かせながら反応したし、実際の行動も変化しました。コミュニケーションを取りにくる相手に疑念を抱く必要がなく、信頼できると、ユーザーは相手のメッセージを納得して聞き入れ、それに従って行動するのです。

ナス教授が報告した通り、私たち人間は自分に働き掛けてくる存在を、一貫性のあるひとつの人格として捉えようとします。それが、上記のように反応する理由です。そして、そのような人物像を描けないとき、私たちは相手を怪しみ、受け入れがたく感じます。

本章の冒頭で紹介した事例では、そういうことが起こっていました。彼らのプロダクトは、非言語的な部分ではイノベーションを具現しながら、言葉は時代遅れでした。プロダクトには躍動感があるのに、言葉は覇気に欠けました。プロダクトはすっきりとシンプルなのに、言葉は軽やかではありませんでした。そのため、ユーザーの信頼感が削がれて、メッセージは理解されづらくなり、説得力を失ったのです。

ボイス&トーンのデザインとは、あらゆるデジタルプロダクトにおいて、ブランドがユーザーとコミュニケーションを取るための言葉の使い方を決定する作業です。その目的は、ブランドが使用する言葉を、主要なブランド価値と一致させてサポートし、不協和音や不信感を生じさせないようにすることです。

ボイス&トーンの手法では、以下の2つの基準に沿って言葉を選びます：

1、パーソナリティ

言葉を通して、どんなパーソナリティをユーザーに伝えたいですか？　言葉づかいが適切でしょうか？　どの程度礼儀を重んじるか、どの程度ユーモアを織り交ぜるか、スラングは使うか避けるか、メッセージの伝達速度や感情表現はどのくらいか、どこまでフレンドリーになれるか、などです。

2、メッセージ

主要なメッセージは何ですか？　ユーザー行動を促すために強調したいことは何ですか？何を伝えれば、ユーザーは自分自身にも、あなたのブランドにも、肯定感を持ってくれるでしょうか？　最終的に両者が利益を得るような望ましい関係性を築くために、あなたから言えることは何ですか？

ブランドのボイス&トーンが決定したら、実際のライティングにそれを適用します：

- すべての言葉がボイス&トーンという明確な指針に基づいて選択されるので、目的に適ったものになり、読み手を動かす力を持ちます。
- ターゲット顧客は、あなたの提案がどのような価値を持ち、どのようなニーズを満たすかを、簡単に理解できるようになります。
- 行動喚起が、よりシンプルかつ効果的になります。
- ブランドの信頼性が高まり、揺るぎない魅力を持つ頼り甲斐のある存在と認められるようになります。

Examples　　個性に応じて言い方は変わる

2人の人間に対して、同一内容のメッセージをそれぞれの言葉で伝えるよう頼んだとすると、2人の言い方は異なり、2通りのバージョンができるはずです。5人に頼めば、5通りのバージョンができます。私たちはそれぞれが個性を持つ人格であり、独自の考え方をし、異なる経験をくぐり抜けて成長し、自分なりの人生の目標を持っています。ですから、同じ言語を話す者同士であっても、ひとりひとりの言葉は、少しずつニュアンスが違います。

例：アメリカを拠点とする2つのeコマースのサイトを見てみましょう。ユーザーは新規登録時に、生年月日の情報を提供することになっています。法律で、その情報が必要と定められているからですが、その理由の伝え方は、それぞれのサイトで異なります。

誠実で生真面目な社風の世界的企業、**ナイキ**（Nike）は、こう書きます。

> required to support the Children's Online Privacy　　児童オンラインプライバシー保護法
> Protection Act (COPPA).　　　　　　　　　　　　　（COPPA）を順守するために必要です。
> www.nike.com

それに対し、世界各国から集めたユニークなヴィンテージ品を販売する **J. ピーターマン**（ピーターマンは、コメディドラマ『となりのサインフェルド』ではエレインの上司です）は、こんな書き方です。

> Sorry, our lawyers made us ask.　　すみません、私どもの弁護士に聞けと言われたので。
> www.jpeterman.com

まったく同じ内容を伝えるメッセージ（法律によりこの情報が必要）ですが、それぞれ独自の個性を持つ2つのブランドが書くと、これくらいボイス＆トーンが違ってきます。もしもJ. ピーターマンがナイキのボイス＆トーンを使ったら、彼ららしい、味わいのある打ち解けた雰囲気は損なわれます。彼らは、ひとつひとつの言葉や細かい表現に工夫を凝らし、とても楽しいサイトを作ったのです。逆に、ナイキがJ. ピーターマンのボイス＆トーンを使ったら、彼らが努めて作り上げた、真摯で誠実な企業というイメージは崩れます。

2つのブランドは、ユーザーとの関係性の築き方がそれぞれ異なります。J. ピーターマンが目指している（そして成功している）のは、温かみのある、あくまでもサービス志向の関係性です。それは言わば、近所のリサイクルショップの店員と得意客のような関係性です。

他方、ナイキが築こうとするのは、メジャーリーグで活躍する企業と、自分も競技に参加したいと夢見る見込み顧客との関係性です。それぞれのブランドのボイス＆トーンには、そうした関係性の違いが映し出されています。

ブランドのライフサイクルの中で、いったん立ち止まってボイス＆トーンをデザインするべき7つの局面

ブランディング関係のあらゆる事業について言えることですが、ボイス＆トーンのデザインは、**早ければ早いほど良い**というのが原則です。早い段階でボイス＆トーンを決定すればそれだけ文字情報の一貫性が保たれ、デジタルプロダクト内にただの寄せ集めのような言葉を並べずに済みます。けれども、どんなタイミングでも遅すぎることはありません。ボイス＆トーンを整えれば、デジタルプロダクトの重要な基盤が強化されます。それは、タイミングを問わず、歓迎すべきことです。

ボイス＆トーンをまだデザインしていないなら、以下の7つの重要局面が、動き出しのチャンスです：

1、 新規ブランドを立ち上げるとき―文字情報を書き始める前に、ビジュアル要素のブランディングと並行して行います。ボイス＆トーンを前もって適切にデザインしておけば、統一感のある方法で、説得力を持ってメッセージを伝えることができ、最初からブランドの好感度を高く保てます。また、一定のボイス＆トーンでメッセージを伝える習慣が身に付くので、あとから悪い癖を直す必要に迫られることもありません。
2、 新規の、またはアップグレード版のプロダクトをリリースするとき。
3、 ブランド差別化を強化するとき。
4、 新しいデジタルキャンペーンを展開するとき。
5、 組織全体で、文字ベースのコミュニケーション用インフラストラクチャー（メール、チャット、ソーシャルメディア）を作成またはアップグレードするとき。
6、 新しいマーケットに、新しいターゲット顧客を設定して参入する前。
7、 現在使用している言葉がうまく機能していないと思い知ったとき。

デザインの手順：フル装備の効果的なボイス＆トーンをデザインする方法

ボイス＆トーンのデザインは、ブランドの個性と、ターゲット顧客に訴求するメッセージを、あらゆる側面から詳細に定義付ける短期プロジェクトです。この作業は社内でもでき

ますし、外部のコンテンツ制作会社やブランディングの専門家に依頼することもできます。
全プロセスは1〜3週間程度でしょう。

一連のデザインプロセスの成果物は、ボイス＆トーンのスタイルガイドです。 マイクロコ
ピーを書くときは、このスタイルガイドに従います（他にも、コピーライティング、コン
テンツ作成、ソーシャルメディアのステータス更新などで、ブランドが公式に発する文字
情報のすべてに使えます）。

中規模以上の企業では、フリーランスのライターにマイクロコピーの執筆を依頼するケー
スが多いでしょう。その場合、全プロセスは以下の4つのステージで構成されますが、ど
のステージでも、重要な洞察が見つかるはずです。時間や予算が不足している場合、また
は小規模事業主やブログのオーナーは、少なくとも第2ステージと第3ステージだけは実
行しましょう。個々のステージの詳細は、追って解説します。また、必要な関連情報の参
照ページも付記します。

第1ステージ：ブランドを知る

デザイン関係およびブランディング関係の既存の資料を読み、重要な情報を拾い出します。
この段階で読んでおきたいのは、以下のような資料です。

1、企業のビジョン、ミッション、ブランド価値に関する記述
2、ブランドブック（および、入手可能なあらゆる種類のブランディング資料）
3、デザイナーや広告担当者向けに作成されたスタイルガイド
4、企業のあらましを紹介するプレゼンテーション資料
5、UXデザインのコンセプトと、その一環として作成されたペルソナの説明書き
6、ブランド認知と顧客満足に関するリサーチ資料

第2ステージ：ユーザーを知る

各種の情報源の中からユーザーの発言の引用、信頼性の高い文章や語句、繰り返し使われ
る言葉などを拾い上げ、ユーザーのモチベーションの向上や低下に影響する要素を明らか
にします。各種の情報源については、37ページTIP05のリストを参照してください。

第3ステージ：関係者から最新の発言を聞き取り、成果をまとめる

社内の主要メンバー（マーケティング・マネージャー、デジタル・マネージャー、サービ
スやセールス部門のシニア・リプレゼンタティブ、場合によっては広告部門の代表者）に
参加してもらい、構造化グループインタビュー*を実施します。スモールビジネスでは、主

---

*：調査を始める前に、あらかじめ質問内容を決めておき、調査対象者から回答を集めるインタビューの形式のこと。

要メンバーはおそらくあなたですが、他のチームメンバー、戦略コンサルタント、あるいは役立つ助言を与えてくれる親しい友人などに呼び掛けてグループインタビューを実施するとよいでしょう。

インタビューでは、ブランドとターゲット顧客に関する一連の質問に答えてもらいます。具体的な質問例はすべて、本章の終盤で紹介します（48ページ参照）。

通常、インタビューの所要時間は3時間ほどですが、2時間のセッションを2回実施することが必要になる場合もあります。1回目はブランドについて（マーケティングチームと）、2回目はユーザーについて（サービスやセールス担当のチームと）です。この種のインタビューを実施すれば、ブランドの個性やターゲット顧客像を、色鮮やかに、詳しく描き出すことができるでしょう。

インタビューは、1対1の対面インタビューを繰り返し実施するよりも、このようにグループインタビューにするのが断然おすすめです。そうすれば、さまざまな関係者間の見解に相違があっても、すぐに解決できます。

第4ステージ：集めた情報を統合し、スタイルガイドを作成する

ここまでのステージで集めたすべての情報を整理してまとめ、スタイルガイドを完成させます。このスタイルガイドは、実際のライティングの手引きとしてすぐに活用できます。スタイルガイドの完成形については、46ページを参照してください。

本章の次項以降は、ボイス＆トーンのデザインに役立つ実用的なハンドブックになっています。できるだけ多くの問いについて考察し、できるだけ多くの情報を集めましょう。そうすればボイス＆トーンは、より一貫性があり、彩り豊かで、正確で、効果的なものになります。

ボイス＆トーンのデザイン、第1ステージ：ブランドを知る

1、ビジョンとミッションを定義する

そのブランドはどのように世の中を変えたいと望み、どんな方法で達成しようとしているか

一般に、私たちが組織のビジョンやミッションを直接ユーザーに伝えることはありません。

けれども、私たちが書く言葉はすべて、ビジョンやミッションに基づき、それを推進させていくものでなければなりません。ですからすべてのライターは、ビジョンとミッションを隅々まできちんと理解することが重要です。

ビジョンを定義する作業は、簡単そうに思えるかもしれません（そのブランドが何を目指して創設されたかは、すぐにわかりそうなものです）。けれども私の経験では、思いのほか複雑で、理解に手間取ります。この作業は、簡単に済ませようとせず、十分に時間をかけてください。頑張りどころです。

ビジョンとミッションを明らかにするための質問リストを用意しました。48ページを参照してください。

TIP 01

なぜなぜ分析

ビジョンを明らかにするためには、ブランドのキーパーソンに、なぜそのブランドが創設されたかを問うのが一番です。答えが返ってきたら、そのたびに再度食い下がり、なぜと問い続けましょう。なぜを何回か繰り返すと、核心に辿り着きます。具体例を挙げましょう：

「なぜマイクロコピー専門スタジオ、ネマラ（Nemala）は設立されたのですか？」
→より良いマイクロコピーを書くため、そして多くの人々にその書き方を教えるためです。

「なぜ？」
→そうすればデジタルプロダクトは、より楽しくて人間味のあるエクスペリエンスを提供できるようになります。

「なぜ？」
→人々は毎日、デジタルプロダクトの前で多くの時間を過ごします。それが心温まる楽しいエクスペリエンスであれば、私たちの生活はより良いものになるからです。

ネマラのビジョン：広く人々のために、人間らしい心の通い合いや温もりのあるデジタルエクスペリエンスを形作り、その生活をより良いものにすること。

Examples　各種ブランドのビジョンとミッションの実例（公式ウェブサイトより）

イケア（Ikea）

ビジョン：より快適な毎日を、より多くの方々に。

ミッション：優れたデザインと機能性を兼ね備えたホームファニッシング製品を幅広く取りそろえ、より多くの方々にご購入いただけるようできる限り手ごろな価格でご提供すること。

トリップアドバイザー（TripAdvisor）

ビジョン：世界各国の人々の、頼れる旅のパートナーとして、最高の旅の実現をサポートする。

ミッション：世界中の大勢の旅行者からの口コミ情報や評価を人々に紹介し、多種多様な旅の選択肢を検討していただくこと。数多くの予約サイトへのリンクを提供し、ホテルや施設やサービスについて、料金の比較や予約ができるようにすること。

サムスン（Samsung）

ビジョン：世界を動かし、未来を作る。

ミッション：新しいテクノロジー、イノベーティブな製品、創造的なソリューションを開発すること。

WWF（World Wide Fund for Nature、世界自然保護基金）

ビジョン：人と自然が調和して生きられる未来の実現を目指す。

ミッション：地球上の生物多様性を守り、自然環境や野生生物への負荷を小さくすること。

TIP 02　資料を探す

ビジョンとミッションは通常、組織設立の初期段階で定義されます。そして多くは明文化され、ブランドブック、UXコンセプトの手引き、あるいはエレベーターピッチ（超短時間スピーチ）や投資家向けのプレゼンテーション用資料などに記載されます。そうした資料を入手し、それが現在も有効であるかどうかを確かめ、そうでない場合は手直しします。

2、価値を定義する

ブランド活動の指針となる理念や基本方針は何か

ブランド活動に必要不可欠な最重要価値を5つ選定しましょう。どのような"価値"があるかよくわからない場合は、27ページのリストを参照してください。

続いて、それぞれの価値を1〜3行の言葉で説明しますが、その際はこう自問します：これはどのような性質の価値か？ この価値をうまく伝えるのはどんな言葉か？ 一例を挙げましょう。選定した価値のひとつが**リーダーシップ**だとします。その場合は、カリスマ性があり、切れ味が良く、意欲を刺激するような言葉が似合いそうです。ユーザーに直接訴えかけ、ビジョンを明確に伝える言葉を見つけましょう。

コミュニティが最重要価値のひとつなら、懐が深くてつながりを感じさせる言葉を選び、温かい雰囲気を作り、控えめなユーモアを織り交ぜて、共感や心配りを表現します。そうすれば、価値が明確に伝わり、一貫性のあるパーソナリティが形作られます。

TIP 03　言葉のツールボックスを用意する

多種多様な特色や価値は、それらと何らかのつながりを持つか、または似たような意味を伝える単語、熟語、慣用表現で言い表せます。必要に応じてすぐに利用できるツールボックスを用意して、ひとつの価値をさまざまな言葉で表現できるようにしておくと便利です。シソーラス（類語辞典）を活用するとともに、ユーザーから直接聞いた言葉も記録すると役立ちます（詳しくは後ほど解説します）。

一例を紹介します。とある学術研究機関のボイス&トーンのための、"実用性"という価値に関する言葉のツールボックスです。

関連性、企業家、日常性、ツール、マネジメント、実践、プラットフォーム、変化する/動的なリアリティ、利点、意思決定、リアルタイム、ツールボックス、応用可能、実質的、フレキシブル、研究結果の応用、報酬、求職市場、キャリア、雇用、雇用主、学士、博士、有用なツール一式。

ブランド価値の実例（公式ウェブサイトより）

USA公共ラジオ局（NPR、10項目のうちの5つ）

正確さ ― 私たちが目指すのは、真実の追究です。そのための入念な検証は欠かせません。

自主独立 ― 私たちが忠誠を尽くすべき相手は、一般の人々です。

敬意 ― 私たちのジャーナリズムによって影響を受けるすべての人々に対し、礼儀を尽くし、その存在を尊重します。

責任 ― 私たちは自らの仕事に、100％の責任を負っています。ですから、つねに準備を整え、あらゆる仕事に意欲的に取り組みます。

優れた品質 ― 私たちは、ストーリーを語る専門家として最大限の誇りを持ち、良質な言葉、音声、画像を使って世界を照らし出します。

ホール・フーズ・マーケット（Whole Foods Market、8項目のうちの最初の6つ）

最高級のナチュラルでオーガニックな製品を販売する

―私たちは、ナチュラルでオーガニックな製品がより良い生活をもたらしてくれることを信じ、その素晴らしさを心から讃えます。

顧客の満足、喜び、健康増進に寄与する

―顧客は、私たちのビジネスにおいてもっとも重要なステークホルダー（利害関係者）であり、ビジネスの活力源です。

チームメンバーの活躍と幸福を支援する

―私たちを成功へと導くのは、チームメンバー全員のエネルギーと知性の集合体です。

利益と成長を通して富を生みだす

―私たちは株主が投資してくれた資金の管財人として、責任を真摯に果たし、長期にわたり株主の財産を豊かにしていくことに尽力します。

地域社会とグローバルなコミュニティの双方に奉仕し、人々を支援する

―私たちのビジネスは、地域の人々と、世界規模の大きなコミュニティのどちらとも密接につながっており、双方に奉仕します。

環境スチュワードシップ（環境保全活動）を実践し促進する

―私たちは環境スチュワードシップに誠意を持って積極的に取り組み、将来世代へと続く国際社会の繁栄に貢献します。

116の価値

これは、ブランド価値を定義するときに、素材として使える単語のリストです。この中から、特に重要で、前面に押し出すべき言葉を選んでください。ここに載っていない自分なりの言葉を思い付いたときは、迷わずどんどんリストに追加しましょう。

サステナビリティ	大志	本物	健康
適合性	喜び	心地よさ	ノスタルジア
コミュニティ	根気強さ	遊び心	成功
好奇心	決断力	発見	精神性
アクセシビリティ	汎用性	親しみ	個性化
冒険	ユーモア	正義	品質
美学	魅力	コミュニケーション	WOW要因（感動体験の
楽しさ	透明性	多様性、多彩性	提供）
精度	情熱	自由	伝統
達成	同時代性	忠誠	便利
共感	関連性	先取性	豊かさ
勇気	イノベーション	エコノミック	専門性
競争力	明快さ	独立	変化
好意	親和性	イマジネーション	コミットメント
優秀	おしゃれ	論理、合理性	バリュー・フォー・マネー
友好性	敬意	セーフティ	（金額に見合う価値）
平和、落ち着き、安らぎ	知性	学習	安定性
国際性	輝き	流れ	柔軟性
創造性	成長	独創性	専心
リーダーシップ	開発	活気	挑戦
思いやり	楽観主義	満足	優しさ
セキュリティ	秩序	有効性	節度
信頼性	ときめき	インスピレーション	
実用性	刺激	愛	
簡潔	調和	感性	
責任	開放性	熱意	
結びつき	鋭敏	寛大さ、惜しみなさ	
顧客志向	エレガンス	親密性	
活力	品位	知識	
利他精神	誠意	サービス志向	
献身	神秘的	結束	
プロ精神	信念	チームワーク	

第**1**章　ボイス&トーンのデザイン

3、パーソナリティを言葉で伝える

そのブランドが、ひとりの人間だとしたら…

あなたのブランドが、ひとりの人間であると想像してみましょう（ええ、もちろん単なる想像です…）。そして、その人物の個性や特徴を言葉で表現します。たとえば、人々とともに過ごすときの態度、ユーモアのセンス（または、その種のセンスの持ち合わせがあるかないか）などです。服装、趣味、私的な好みなど、その人物の人柄を表すのに役立つことなら、何でも書いてください。そしてそこから、その人物の話し方も想像してみます。48ページの質問表を参照すると、かなり簡単に楽しく、想像を膨らませることができます。

注意：ブランドの個性は、ユーザーの個性とは別物であり、実は大きく異なる可能性もあります。ユーザー像は、彼らとどのような関係性を築きたいかに応じて変わってきます（44ページを参照）。

TIP 04

評価尺度ではかる

以下のツールは、ビッグ・ブランド・システムのパメラ・ウィルソンが開発した評価尺度です。私はいつも、パーソナリティに関する質問表（48ページに掲載）と併せて、この評価尺度を利用します。6項目からなるこの評価尺度をブランドのキーパーソンに渡し、ブランドのパーソナリティについて答えてもらいましょう。意外な回答が返ってくることも多く、さまざまな洞察が得られます。

飾り気がなくフレンドリー	⟷	仕事優先、プロ意識
本能的、エネルギー旺盛	⟷	じっくり考える、計画的
モダン、ハイテク	⟷	クラシック、伝統的
最先端	⟷	既存の秩序
面白い	⟷	真面目
手ごろ	⟷	高級路線

Examples　母親たちのカリスマ

ある睡眠コンサルタントのためにボイス＆トーンをデザインしたときのことです。コーヒーを飲みながら3時間ほど打ち合わせをする中で、彼女はターゲット顧客、つまり初めて母親になる女性について、たくさん話をしてくれました。彼女によれば、若い母親たちは、絶え間なく押し寄せてくるさまざまな情報にさらされて、自分自身の直観を信じにくくなっています。そして、我が子を理解し、その子のための最良な判断をすることについて、自信を失っています。

この話を踏まえつつ、私たちは共同でブランドのパーソナリティを設定しました：

この睡眠コンサルタントのブランドがひとりの人間だとしたら、彼女は35歳で、子どもがいて、いつも着心地の良さそうな、しかもおしゃれな服を着ています。新聞を読むときは、育児の記事とヘルスケアの記事に真っ先に目を通します。わずかながら自由な時間もあり、DIYやランニングや社会活動をして過ごします。人のために尽くし、心を砕き、思いやりと共感を示すタイプであり、正統的で規律正しいものを好みます。いつも楽しげで幸せそうで、何かを深刻に悩んだりはしなさそうです。知識は豊富でありながら、それを披露するよりも人の話にきちんと耳を傾け、上から目線になることなく相手を尊重します。確かな知識と誠意に、プロ精神と経験が加わって、たいへん頼りになる存在です。正式な教育で多くの知識を身に付け、それをつねにアップデートしながらも、それぞれの母親の直観をおろそかにしません。

このパーソナリティをボイス＆トーンに反映させるには？

- 睡眠コンサルタントという仕事なので、顧客は不安を抱えているのが常ですが、だからといってあまりシリアスになりすぎないことが大切です。むしろユーモアを交え、軽やかでナチュラルな雰囲気をキープします。
- 会話体を保ちながらも、専門的知識の裏付けを通して信頼感を与えます。知ったかぶりや、物事の善し悪しを教え諭すような態度は避けます。良質なエクスペリエンスを提供して興味を抱かせるだけでなく、個々の母親の持つ力を呼び覚ますようなボイス＆トーンを目指します。
- 人のために尽くし、心を砕くという姿勢が伝わるよう、毎回のミーティングとカウンセリングの全過程で母親が得られるはずのものをリストにまとめて提示します。そうすれば、母親がどれだけ貴重なサポートを得られるかがひと目でわかります。
- 初めて母となる人々を主人公にして語ることで、相手に寄り添う気持ちや敬意を表現します。
- 評価尺度の、フレンドリーとプロ意識を両極に配置した項目では、この睡眠コンサルタントはちょうど真ん中です。彼女は母親に同輩として接しながらも、最良の友人という立場はとりません。

マイクロコピーにユーモアを
上手に取り入れるための7つのヒント：

マイクロコピーで人間らしい言い方をしたいからといって、面白おかしい表現をするのは見当違いだと考える人もいるようですが、それは誤解です。この種の表現が"わざとらしい"マイクロコピーになってしまうことは、あまりありません。失敗するとしたら、ライターがウケを狙いすぎて、UXライティングという本質を忘れてしまう場合です。では、マイクロコピーに上手にユーモアを取り入れるには、どうすれば良いでしょうか？

1、ブランドの個性に合わない言い方をしない

そのブランドまたはプロダクトは、気の利いた愉快な表現が似合うようデザインされていますか？　それはなぜですか？　ブランドのビジョンや価値をより豊かに膨らませる要素は何ですか？　ユーモアや風刺やウィットは、ブランディングや、ユーザーとの関係性の強化に役立つことがある一方で、それらにダメージを与えることもあります。たとえばそのブランドが、共有という価値を広く伝えたいなら、風刺的な表現は、つながりを求めるユーザーを遠ざけかねません。ですから、気の利いた言い回しを考える前に、どのような価値が、なぜそのブランドにとって重要なのかを確かめましょう。

ただし、先入観には注意が必要です。一例として、糖尿病患者のダイエットの経過をモニタリングするアプリについて考えてみます。このアプリには、あくまでも真面目なコピーが似合うような気がします。多くの人々のクオリティ・オブ・ライフ（QOL）に関わるプロダクトだからです。けれども、"人の健康状態に関する物事はシリアス"だから、ボイス＆トーンもシリアスであって当然と考えるべきではありません。ユーモアを散りばめて、ユーザーが試練の日々を笑顔で乗り切れるよう応援する、という方法もあります。

2、ターゲット顧客に受け入れられない言い方をしない

ターゲット顧客はそのユーモラスな表現を理解できますか？　言葉のチョイスが、ユーザーの属する文化圏や年齢層と合致していますか？　ほんの少しふざけた言い方をするだけで気分を害するユーザーは必ずいるものなので、それはそれと考えます。そのうえで大切なのは、コアユーザーに対してどんなユーモアが通じるかをきちんと見極めることです。たとえば、未成年者がふざけて話すときの言葉づかいは独特です。ですから子どもたちやティーンエイジャーのためのライティングでは、同じような年ごろの"通訳"にあなたのコピーを読んでもらい、違和感がないかどうか確かめてもらうとよいでしょう（あなたが未成年者でない限り）。ユーザーが他の文化圏に属する場合や、標準語とは異なる方言を使う

場合も、同じです。

3、ユーモアだけが読みどころとならないように

ライティングのスタイルについて印象に残るのがユーモアだけだとしたら、それはおそらく退屈な文章です。ブランド価値に応じて、マイクロコピーでは多種多様な味わいが表現できます。たとえばノスタルジック、エネルギッシュ、ほのぼの、控えめ、ちょっと偉そう、脱力系、ポエム系、キレの良さ、センチメンタル、我が道を行くタイプ、などです。ユーモア以外は何も伝わらないようなマイクロコピーは、何かがずれています。

4、どこまでいくとトゥーマッチ?

最初から最後まで読み手を笑わせたいですか?　面白おかしい表現は、途中でいったん引っ込めるのも手です。メッセージを、オチで閉めたいですか?　それならメッセージの入り口では、シンプルな言葉を使うことをおすすめします。また、文章をできるだけ分断せず、全体をひとつの流れで構成すると、上質のユーモアやウィットをうまく散りばめることができます。結局のところ、一番大切なのは、ユーモアの適量をわきまえることです。グーグルは、自社のボイス＆トーンのデザインについてこういいます：森に一角獣がいるなら（それで十分）、フラフープができる（芸達者な）サルは要りません。

5、わかりやすさを犠牲にしてかまわないものはない

ユーザーが途中で止まってもう一度読み直さないと理解できないようなら、それは書き方に問題があります。ユーザビリティの原則です。ユーモアは、マイクロコピーが持つ他の性質（簡潔、明快、有用）の強力な相棒にはなり得ますが、決して代役にはなりません。

6、状況をよく考えて

「うわ、システムがクラッシュ!　どうしてこんなことが起きたのか、まったく見当がつきません。データは未保存、最悪です。全部消えました!　でもまあ、アフリカにはインターネットを使うことさえできない子どもたちがいますからね」…こんな言い方では笑えません。

7、ジョークの詰め込みすぎに注意

ライターが自分のジョークを面白がりすぎて、ジョークだらけの文章を披露してしまうことがありますが、それは賢明ではありません。ユーザーはきっとうんざりしてしまいます。ジョークは、おそらく3回目くらいで楽しめなくなるものです。

ボイス＆トーンのデザイン、第2ステージ：ユーザーを知る

1、ユーザーの人口構成を明らかにする

ターゲット顧客の人口統計的な特徴の分析：語りかけたいのはどんな人？

若者には流行り言葉やスラングを使っても構いませんが、シニア層には通用しにくいかもしれません。また、一般に若年層にはインターフェイスの使い方を説明する必要がほとんどありませんが、熟年層にはやや丁寧に説明したほうが良さそうです。ただし状況はどんどん変化しているので、その都度検証し直すべきでしょう。

ユーザーの年齢層や生活様式が限定されている場合は、その層で人気の高いテレビ番組のセリフなどを引用してマイクロコピーにスパイスを利かせるのも一案です。他のユーザー層には通じなくてもかまわないわけですから。ただし、工夫を凝らし、気を利かせた表現は、それを喜んで受け入れて楽しむ人もいれば、ついていけないと感じてがっかりし、離れていってしまう人もいます。

ですから、メッセージを届ける相手を理解することが何よりも重要です。ぜひ調べておきたいのは、以下のような属性です：
・年齢
・性別
・生活圏
・教育レベル
・配偶者の有無
・他に興味のある分野
・テクノロジーへの興味の度合い

もちろん、ターゲット顧客について集めた情報が他にもあれば、いずれもボイス＆トーンのデザインに役立ちます。

ターゲット顧客層は幅広いですか?

ある種のブランドは、ターゲット顧客層がかなり広範囲に及びます。人口の大半をカバーするほどのブランドもあるし（銀行、カーナビアプリのウェイズなど）、それよりやや幅が狭まる程度のブランドもあります（スターバックスなど）。他方、ターゲット顧客がはっきりした特徴を持ち、かなり限定されているブランドもあります（カメラ会社スナップなど）。

ターゲット顧客が限定的であればあるほど、ボイス＆トーンのスタイルは特定しやすく、また、特定する必要があります。それに対してターゲット顧客の範囲が広い場合は、誰のニーズにも応じられるよう、ボイス＆トーンは控えめに、オーソドックスにまとめるのが似合います。

けれどもそのようなボイス＆トーンが、単調で特徴に欠けるものになるとは限りません。ターゲット顧客層が幅広くても、やはりボイス＆トーンには工夫を凝らし、豊かな味わいを持たせ、歓迎の意を込め、ユーザーを象徴するペルソナにフィットさせなければなりません。

幅広いターゲット顧客に訴求しながらも、揺るぎない個性を感じさせるブランドの好例が、イケアです。同社が使うボイス＆トーンはとてもシンプルで、抑制がきいており、特にユーモラスでもなく、場合によってはやや平凡に思えるかもしれません。けれどもそこには一貫した心地よいパーソナリティがあり、家庭的な心温まる雰囲気を感じさせながら、同時に実用性も備えています。彼らが発する穏やかなメッセージは、おそらくほぼすべてのターゲット顧客にとって魅力があるのではないでしょうか。たとえばこんな言葉です：

"完璧な折衷案―彼は、かっちりした硬い座り心地のソファが良いと言います。あなたが欲しいのは、体を包み込むようなソファです。このソファならどちらの願いもかない、2人はずっと幸せに暮らせるでしょう。"

2、ターゲット顧客のニーズと問題を見極める

ユーザーが実際の操作で何に手こずり、気持ちの上では何が負担になっているか―
彼ら自身の言葉を聞く

あらゆるプロダクトやサービスは、ユーザーの生活を向上させ、負担を軽減し、ニーズに

応え、問題を解決するものでなければなりません。あなたのプロダクトやサービスは、それぞれどのような問題を解決し、ユーザーの生活にどのような影響を与えるでしょうか。それを深く理解すれば、ユーザーのモチベーションを高めて行動を喚起するメッセージや、操作方法を伝える指示を、より簡単に、かつ的確に書くことができます。

ターゲット顧客は複数の—まったく性質の違う—グループに分かれていますか?

あなたがリサイクルショップの経営者だとしたら、メッセージを届ける相手は二手に分かれます。自分の持ち物を売りたい人々と、新着のユーズド品を買いたい人々です。また、携帯電話会社が、ティーンエイジャー向けとファミリー向けのデジタルプロダクトを取り扱っているような場合も同じです。

次ページからの事例を見てもわかる通り、ターゲット顧客を知るためには、まずいくつかの問いに答えます。具体的には、彼らのニーズは何か、彼らの希望と不満は何か、彼らとの間に築きたい関係性はどのようなものか、などです。いずれの質問でも、ターゲット顧客が明確な違いのあるグループ（買い手と売り手、10代の若者とファミリー層）に分かれている場合は、当然ながら、それぞれの答えが大きく違ってきます。

では、どう対応するべきか？
個々のグループごとに、特徴的な答えを見つけ、それぞれに適したメッセージを個別に書きます。大企業のボイス＆トーンをデザインする場合は、セールスやサービスの担当チームが、グループごとに分かれているかもしれません。その場合は、それぞれのチームとの打ち合わせが必要です。

ボイス＆トーンのデザインの第1ステージは、ブランドを知る作業でした。そこで明らかになったブランド特性は、ターゲット顧客が複数のグループに分かれていようとも、つねに不変です。それぞれの顧客グループに対して異なる表情を見せるとしても、その違いはごくわずかです。けれども個々のグループに対するメッセージの書き方は、それぞれのグループのニーズに応じて、まったく違ってきます。

ユーザーを知れば、ユーザーからの信頼も得やすくなります。あなたが彼らの言葉に耳を傾け、彼らを理解し、彼らの問題やニーズに対して最良のソリューションを提示していることを、ぜひわかってもらいましょう。

ただしひとつ、お断りしておきます。これは、言葉で人の気持ちを操ろうとする試みとはまったく違うということです。もしも、プロダクトやサービスそのものがユーザーに対して真の価値を提供せず、彼らの問題を解決しないのなら、何もうまくいきません。ライティングで目指すべきことは、ユーザーの問題を正確に特定し、それをユーザーの言葉で表現することを通して、ユーザーのモチベーションに働き掛け、あなたのソリューションを選んでもらうことです。

Examples　生活上の重大問題に直面している求職者に、（ほんの少しでも）楽になってもらえるように

職探しは、かなり過酷で、神経を消耗する活動です。生計を立てるという、生きていくための基本的で切迫したニーズに関わるからです。私はオンラインの求人掲示板にマイクロコピーを書くプロジェクトで、求職者にインタビューをし、彼らがこの期間にどれほどたくさんの苦難や辛さを味わうかを聞くことができました。以下に、ほんの一部ですが、そこで得た情報を記したうえで、それらの生の声をどのようにボイス＆トーンに反映させ、求人掲示板とそのユーザー（つまり求職者）との関係作りに役立てたかを紹介します。

求職者の苦難

求職者が職探しに要する期間は、平均60日です。その間、求職者は何十ものサイトにアクセスしてさまざまな勤め口を探し、自身の詳細な情報を伝えて、履歴書をアップロードします。それは気持ちが塞ぐばかりの作業であり、そんな日々が果てしなく続くかと思われるのだと、彼らは話してくれました。

ボイス＆トーンでの対応

私たちは、なぜユーザーに特定の情報を提供するよう依頼し、フォームの入力欄を最後まで埋めてほしいと勧めるかを、機会を捉えては説明しました。そして、この行動が彼らにとって利益となること、この行動こそが彼らを、彼ら自身の目標へと一歩近づけることを伝えました。そのようなメッセージがあると、彼らの憂鬱な気分が多少は和らぎます。ただし、同じような言葉の繰り返しにならないよう気をつけることも必要でした。求職者は日々、この手のフォームを飽き飽きするほど見ているからです。ですから私たちは無駄なく簡潔ですっきりしたボイス＆トーンをデザインし、前進やスピードを表す積極的な動詞を多用しました。

求職者の苦難

求職者は、同じ就職口に無数の応募者が押し寄せているという現状を冷静に把握し、その群衆の中で抜きんでた存在として将来の雇い主の目を引くことはほぼ不可能ではないかと感じています。そして、かなりやる気を削がれています。

孤独は、求職者が経験するもっとも強い気持ちのひとつです。皆が世の中でいつも通りに仕事を続けているときに、たったひとりで、人生のひときわ困難な局面に立ち向かわなければなりません。

ユーザビリティテストの結果、求職者が求人掲示板でフォームにデータを入力し送信しても、大抵は雇用者側からの反応がないため、フォームが確かに処理されたかどうかがわからないという問題が明らかになりました。また、もしフォームが届いたとしても、添付資料がもれなく揃い、確実に受理されたかどうかを確かめるすべがありませんでした。

ボイス＆トーンでの対応

群衆の中に埋もれてしまうことへの恐れをユーザーへの動機づけとして利用し、応募書類にカバーレター（添え状）を添付するよう勧めました。カバーレターがあると雇用主の反応はかなり良くなるので、これは彼らにとって有利な行動です。けれども彼らは多くの場合、この一手間を飛ばします。根気が足りないか、やる気を失くしているか、単に怠惰であるせいです。そこで私たちは、カバーレター用のフォームを表示する直前にメッセージを出し、彼らの困難な状況に率直に言及したうえで、カバーレターが他の応募者から頭一つ抜け出すための得策であることを再認識してもらいました。

この孤独から彼らを救い出すためには、プロダクトをできるだけ人間らしく感じさせ、彼らを支援し理解する姿勢を示すことが重要でした。ボイス＆トーンは会話体のソフトな雰囲気にして彼らの孤独や不安に寄り添い、深い共感を伝えました。

こうした不安を解消するため、操作が実行されるたびに、それが適切に処理されたことを示す、簡潔なわかりやすいフィードバックを提供しました。具体的には、申し込みフォームは確実に受理されました、履歴書は雇用主に送られました、現段階の手続きは正しく完了しました、などのメッセージです。

TIP 05

ユーザーは最良のコピーライター

あなたが書くメッセージの中で、ユーザー自身の考えについて言及したいときは、彼らの言葉をそのまま使うのが一番です。彼らはつねに、より正確な、本人ならではの言葉を使ってくれます。ブランド価値を表現するときも、ユーザーを行動へと導くときも、あなたが受け取ったユーザーの言葉をそのまま活かしてみましょう。

ユーザーの言葉はどこで聞けるか？

1、オンラインチャットの記録

2、サーベイ*1を実施した際のオープンクエスチョンへの回答

3、関連性のあるテーマを扱うオンラインコミュニティ（たとえばフェイスブックのグループ）

4、ソーシャルメディア上の、あなたのブランドや競合他社に関するフィードバック/コメント

5、ユーザビリティテストの記録

6、コールセンターの着信および発信の内容

7、フォーカスグループ*2の筆記録

8、ターゲット顧客が関連テーマについて語るために利用する、あらゆる場所や環境や手段

*1：物事の全体像や実態を広く把握するための（大規模な）調査のこと。
*2：マーケティング・リサーチにおける手法のひとつ。6〜10名程度の調査対象者を1箇所に集め、特定のテーマについて、グループ対話形式で自由に発言してもらう。

参照できる資料が何もない場合は？

5〜10人の見込み顧客、または友人や家族に頼んで、インタビューを実施します。所要時間は1〜2時間ほどで十分ですが、それでもブランドやプロダクトに対する認識や、マイクロコピーの書き方が、劇的に変わる可能性があります。

見つかるのは宝物

ユーザーの言葉は、的確で貴重な名言です。そのような言葉は、計画を練って合理的かつ本格的に調査を進め、それを分析する方法では、決して見つけられません。見つけた言葉はそのまま引用し、マイクロコピーに織り込みましょう。

3、ターゲット顧客の夢や希望を言語化する

彼らがあなたのデジタルプロダクトを使う目的

第2ステージのセクション2では、あなたのデジタルプロダクトがネガティブな物事をどのように解決するか、という点に注目しました。このセクション3では、ユーザーがどのような収穫を得られるかという、ポジティブな側面に目を向けます。人々が行動を起こすには、相応の理由が必要です。その理由のひとつが、その行動を起こせば目標に近づき、夢や希望がかなうと信じる気持ちです。そうした希望を胸に、彼らはあなたのプロダクトを手に入れ、ユーザー登録、情報共有、アイテムの購入など、そのプロダクトの望ましい使い方を実行してくれるのです。ですからユーザーに、何らかの行動を起こしてほしいときや、自分自身にとって正しい場所で最良の行動を取っていると感じてほしいときには、彼らの夢や希望を語りましょう。そしてそのためには、ユーザーの心を射抜くことのできる、彼ら自身の言葉を知る作業が大切です（TIP 05参照）。

Examples　　家計を管理しましょう、お手間は取らせません

大手銀行が、顧客向けの新しい家計管理ツールを公式サイトにアップロードしたときのことです。マイクロコピーを担当した私は、とても簡単に、文章をターゲット顧客の夢と希望に関連付けることができました。なぜなら私自身が、自分の銀行預金口座を定期的にチェックしながら、もっとシンプルに効率良く、貯蓄状況のあらまし（支出の増減）を把握できたらと望んでいたからです。この家計管理ツールがあれば、おそらくその望みがかない、これまでずっと棚上げにしてきたいくつかの計画についに着手することができます。私は、貯金をやり繰りするためのまとまった時間が作れなかったせいで、夢（たとえばオーロラ観賞の旅）を実現できなかったのです。

この新しいツール向けのボイス＆トーンをデザインするために、私たちは貯蓄額を気に掛けている銀行顧客の夢と希望について、いろいろ調べました。そして、顧客の願いは大きく分けると次の3つであることを突き止めました。1、心の平和と、長期にわたる私財の保護。これは、収入を銀行口座に預ければ実現されます。2、家計管理。貯蓄状況の全体像を追跡し把握する方法があると役立ちます。3、QOL（クオリティ・オブ・ライフ）の向上と夢の実現。丁寧に収支計画を立て、節約できた分を貯蓄すると、実現しやすくなります。

続いて、この家計管理ツールがユーザーの夢の実現に役立つことを、言葉で伝えていきます。

- 顧客がこのツールのことを調べ、利用する気になれるよう、心の平和のこと、私財の保護と管理のこと、夢の実現のことに言及する：“新しい夢も長年の夢も実現しましょう、同時に、これからの人生で起こり得る出来事への備えを万全に”。

- さまざまな支出カテゴリー別に目標を設定することが可能な、家計管理機能を伝える：“つねに現状が把握でき、人生の目標に対してどこまで近づいたかがわかります”。

- 家計を管理し情報を入手したいというニーズを動機づけに利用し、個々の支出を種類別に正しく分類する意欲を引き出す：“良い家計管理とは正確な家計管理—未分類の支出があると、全体像は見えません”。

- フォローアップ用ツールや比較検証用ツールの利用を促すため、これらが目標達成に役立つことを伝える：“プランを実行し目標を達成するためには、振り返りも必要です。これらのツールを使えば、年間の家計の推移がひと目でわかります”。

おわかりの通り、マイクロコピーでは、ユーザー行動を促すようなキャッチフレーズやメッセージを見つけなくては、と頭を抱える必要はありません。ユーザーは何かを達成したいから、あなたのウェブサイトやアプリのことを調べるのです。あなたがやらなければならないのは、それが何かを明らかにし、彼らに思い出させることだけです。

障壁があると、ユーザーはあなたのプロダクトやサービスの利用に踏み出せません

マイナス要因には特に注意を払わなければならず、絶対に目を逸らしてはいけません。む しろ真正面から取り上げるか、少なくとも婉曲に伝えたほうが、マイナスの影響の軽減や 解消につながります。どんな場面にも付きもののマイナス要因として広く知られるのは、 たとえば金銭的な負担や個人情報の提供に対する抵抗感です。そして、場合によってはそ こに、個々のプロダクトやサービスに特有のマイナス要因が加わります。どちらのマイナ ス要因もリストアップして丁寧に分析し、納得できる理由を添えてユーザーに知らせま しょう。そうすればユーザーはあなたを信頼し、そのような障壁を乗り越えてくれます。

Examples　結婚してください

昔ながらのプロポーズの光景は、誰にでもお馴染みです。ロマンチックなドラマを繰り返 し見て、目に焼き付けられています。登場するのは男と女、そしてダイヤモンドの指輪で す。男はひざまずき、女は喜びの涙を流し、その指に指輪がぴったりとはまります。指輪 の写真がフェイスブックにアップロードされ、2人はそれからずっと幸せに暮らします。

ダイヤモンド業界大手の老舗企業が、その伝統的なビジネス手法を打開して、エンゲージ リングに特化したウェブサイトを立ち上げることにしました。ターゲット顧客は男性、つ まり指輪を選ぶ人物であり、指輪をはめる本人ではありません。ウェブサイトにアクセス した男性は、多種多様な指輪の見本が並ぶ、見ごたえのあるカタログを見て、予算に応じ てダイヤモンドを選ぶことができます。この方法なら、誰でもオンラインで、予算に合わ せて希望通りの指輪を作ることができます。

リングとダイヤモンドを選ぶ男性─大抵は人生初─は、気掛かりな問題をいくつも抱えて いますが、夢はただひとつ：おとぎ話のようなプロポーズと、満たされた幸せな女性です。 そこでもし彼のフィアンセが、リングを交換したいとか、サイズを変更したいと言い出し たら、決して世界がひっくり返るほどではなくても、せっかくの夢の光景が、輝きを失っ てしまいます。ですから多くの男性はまず、ガールフレンドのことを思い浮かべ、彼女の 趣味にぴったりの指輪を見つけることができるだろうか、そして、正確な指輪のサイズを 知るにはどうすればよいだろうか、と心配します。それから、ダイヤモンドについても悩

みます。何を基準に選べばよいのかわかりません。何を調べ、何を問えばよいのでしょうか？　品質の高い本物のダイヤモンドの見分け方は？　けれども一番心配なのは、もしも彼女に想いが通じずノーと言われてしまったら、その指輪をどうしたらよいか、ということです。さらに、あらゆるオンラインショッピングに付きものの不安もあります。セキュリティの問題や、配送や受取の方法などです。

これらの障壁は、どれをとっても、ユーザーが途中で購入意欲をなくしてしまう理由としては十分です。そのようなユーザーは離脱して、別のサイトに行ってしまうか、または実店舗に足を運ぶことになるでしょう。けれどもこの会社は、ターゲット顧客のことを熱心に調査し、彼らのオンラインでの選択と購入のプロセスを分析し、こうした障壁のひとつひとつについて、明快なアドバイスを提供しました。たとえばこのサイトでは、ユーザーが指輪を選択する前にリンクが表示されます。リンク先には短いメッセージが書かれており、ガールフレンドのジュエリーボックスを見ておくことが提案されます。そうすれば、彼女がこれまでに自分で購入したお気に入りの指輪のデザインと、そのサイズを確かめることができるからです。続いて、必要であれば、無料で指輪のサイズを変更できることが約束されます。ダイヤモンドの色や透明度といった専門的な条件に関しては、すべて実例付きで説明されます。指輪に添付される鑑定書と保証書の見本も見られます。さらに、購入手続きが終盤にさしかかると、サイトのセキュリティが強化され、指輪の返品は30日以内であれば全額が返ってくると明記されます。

さまざまな障壁は、体系的に分類してリスト化し、適切なタイミングで解決策を提示できるよう準備しましょう。そうすれば、ユーザーは途中でサポートページに飛んだりサイトそのものから離れたりすることなく、落ち着いてスムーズに商品を選び、購入することができます。ユーザーにも、サイト運営者にも、喜ばしいことです。

ターゲット顧客が、似たような他社のブランドではなくあなたのブランドを選んでくれるとしたら、それはなぜか

あなたのブランドを差別化し、他のブランドを凌ぐ存在とする特性は何でしょうか？　つまり、専門用語でいう"競争優位性"です。その強みをメッセージにして繰り返し伝え、強調しましょう。

TIP 06 ユーザーを主体に

あらゆるメッセージで伝えるべきなのは、ブランドにとっての利点ではなく、ターゲット顧客にとって重要な利点です。それをつねに心に留めておきましょう。たとえば新しい技術を導入したとしても、その技術自体がターゲット顧客の興味を引くものではないなら、それは競争優位性につながらず、その技術について書いても意味がありません。けれども、もしこの技術によってユーザーが、以前はまったく不可能だった物事を実現できるなら、それは彼らの興味を引き付けます。ユーザーにとって重要なのは結果そのものであり、望ましい結果さえ得られれば、舞台裏は関係ありません。

あなたのブランドが、競合他社には提供できないような明確なベネフィットを提供できるなら、それは真の競争優位性です。重視しなければならないのは、あなたの気持ちではなく、ターゲット顧客の気持ちであることを忘れないでください。

Examples　　イスラエルの名門大学

イスラエルには9つのユニバーシティがあり、高等教育のカレッジの総数はおよそ50にのぼります。これから紹介するのは、その中でトップグループに属するカレッジがウェブサイトを開設したときの事例です。このプロジェクトではもちろん、ブランド差別化がキーポイントとなりました。ボイス＆トーンも、サイト内の他のあらゆる要素と同様、ブランド差別化に寄与するものにしなければなりません。

ボイス＆トーンをデザインするにあたり、カレッジの受験アドバイザーは私に、ウェブサイトにアクセスする入学志願者たちの様子を教えてくれました。彼らの元には、あらゆる教育機関や関連組織からたくさんの情報が押し寄せますが、それにも関わらず彼らは、自らの進路を判断するための情報が十分ではないと感じています。そして、不確かな情報にさらされて混乱し、人生における重要な分岐点で、間違った選択をすることに怯えています。

そんな彼らの選択を助けるのが、**ウェブサイトで得る情報**です。彼らは、なぜこの学校なのか、なぜここで学ぶことが必要なのか、という問いに対する明確な答えを欲しています。この問いに対するシンプルな答えを提示し、明確に、率直に、この学校が誇る競争優位性を伝えるのが、私たちの仕事です。将来の学生たちにとって重要であり、真の価値と呼ぶに相応しい、この学校だけが持つ強みを示さなければなりません。

ボイス＆トーンのデザインを進めていくために、私たちはこの学校がイスラエルの他の教育機関よりも優れている証となる、主要な競争優位性をリストアップしました。リストに並んだのは、豊富なチャンス、社会的ネットワークと専門的ネットワーク、国際的経験、つねにすべての個人を尊重する姿勢、理論を実践に結び付け将来のキャリアにつなげていく実績、一流の教授陣、手入れの行き届いた快適なキャンパス、社会的責任を果たして他者へと還元する意欲、著名な卒業生および在校生、多種多様な課外活動、などです。

セクション3の、ターゲット顧客の夢と希望に関する解説ともつながりますが、ターゲット顧客の興味を引き付け行動意欲を高めたいなら、競争優位性をはっきり強調し、他にはない特別な何かがここにはあると感じさせる必要があります。そこで、入学志願者にサイト内の情報を読み進めてもらえるよう、用意した競争優位性のリストの中からいくつかの項目を抜き出して、こんな風に書いてみました。

"当校のサイトへようこそ。素晴らしい教授陣、あらゆる可能性の扉を開く起業プログラ

ム、そしてこれから数年間のホームグラウンドとなる緑美しいキャンパスを紹介します。
当校は、個人の成長に寄与する多様な機会を提供することにおいて他校の追随を許しません。また、当校の卒業生は‘高額所得者’リストの最上位に名を連ねることでも知られます。そんな当校の特色を、このサイトで発見してください。

他にも、国際的経験（グローバルなネットワークにさっそく参加してみては？）、魅力あふれる学生たち（同じ講座で出会うかも、そして生涯にわたる友人となるかも）、実践的なカリキュラム（この課程を終えればすぐに仕事に従事できます）、教育の場に限定されないあらゆる機会の提供（経験のチャンスは尽きません）など、ぜひ読んでいただきたい内容が盛りだくさんです。"

競争優位性のリストさえ用意すれば、あとは、ユーザーがサイトから離脱しないようにするための働き掛けや、あなたのプロダクトやサービスを選んでもらうための呼び掛けについて、あれこれ思い悩む必要はありません。競合相手を凌ぐ強みをリストから抜き出し、言葉にするだけです。

6、ブランド/プロダクトとユーザーとの関係性を定義する

長く続く望ましい関係性を目指して

あなたがユーザーとの間にどのような関係性を築きたいかを思い描きましょう。あなたが書くすべての言葉は、それを実現しサポートするものでなければなりません。以下のリストは、具体的な関係性の例です：

・友人
・親友
・師弟
・目的を共有する人々
・両親
・知人

・ビジネスパートナー
・指導者と支持者
・売り手と買い手
・スターとファン
・カップル
・管理職と個人秘書

Examples　生活用品の価格をめぐる連係プレー

オンラインには近年、1〜2年に一度のペースで、市場商品を安く手に入れるための新しい購買方法が登場しています。そのひとつがB4Uペイ（B4Upay）です。B4Uペイのユーザーは、まず目的の商品の市場価格を調査してからウェブサイトにアクセスします。そして、調査で知り得た最安値を登録し、商品を注文し、B4Uペイに対して、それよりもさらに安い価格で商品を購入するよう許可を与えます。B4Uペイ側は、登録された最安値以下の価格で商品を購入できなくても、ユーザーに差額を請求しないことを約束します。注文が成立したら、B4Uペイは数多くのサプライヤーにコンタクトを取り、その商品の最安値の見積もりを出してほしいと頼みます。商品の注文と支払いの手続きがすでに完了しているという事実は、サプライヤーの立場からすると、強力なモチベーションです。それは、保証付きの取引だからです。そこで彼らは、取引を直ちに終了させて利益を自分たちのものにしようと考え、現在の市場価格よりもさらに安い価格を提示してきます。

B4Uペイがユーザーとの間に築こうとするこの関係性にぴったりの言葉があります。**ユーザーとB4Uペイは、ひとつのチームなのです。両者は同じサイドで手を組み、生活用品の価格を引き下げるべく戦い、協力し合って、より低価格での購入を実現します。**
こうした関係性を実現するため、私たちはあらゆる局面でこの協力関係に言及し、このサイトは彼らとともに、そして彼らのためにあるのだと強調しました。
"知り得る限りの最安値をお知らせください。私たちはさらに低価格でその商品を手に入れます"、"さあ、あなたはもう椅子にゆったりと身を預け、リラックスしてください。ここからは私たちが、ベストプライスを付けてくれたサプライヤーと連絡を取ります"、"目的の商品が見つかりませんか？　少しお待ちください、すぐに探します"、"B4Upayにご注文をありがとうございます！　あなたの節約のお手伝いができて嬉しいです。ボタンをクリックしてください"。

まとめ：ボイス&トーンのスタイルガイド

ボイス&トーンのスタイルガイドの書き方や様式に特に決まりはありません。個々のプロジェクトの目的にもっとも合致する資料を作成しましょう。

一例としては、本章で解説したすべての内容をまとめ、内部向けの作業マニュアルを作成する方法があります。多くのブランドや組織にとっては、それで十分でしょう。コンテンツ作成者が、マイクロコピーをはじめとする各種のコピーやコンテンツを作成するときに、

これを参照します。

けれども大企業がブランディング活動の一環としてボイス＆トーンのスタイルガイドを用意する場合、あるいは多様なメディア（ウェブサイトのコンテンツ、マイクロコピー、ソーシャルメディア、メールマガジン、ユーザーとコンタクトを取るためのチャットやメールなど）で多数のライターにメッセージを書いてもらうにあたり、新しいボイス＆トーンで統一してほしい場合などは、ブランディング戦略に沿って内容を練り上げ、数多くの事例を添えて解説した正式なガイドブックを作るとよいでしょう。

フォーマットもフレキシブルに：ワード文書、Googleドキュメント、完成度の高い本格的なプレゼンテーション、ウェブサイトなど、それぞれのニーズに最適なフォーマットを選んでください。

インターネットでは、たくさんのボイス＆トーンのスタイルガイドを見つけることができます。私のお気に入りベスト3は、リーズ大学のスタイルガイド（https://goo.gl/JvvbZw）、メールチンプのスタイルガイド（www.voiceandtone.com）、セールスフォースのスタイルガイド（詳しくは第19章で解説）であり、どれも内容はまったく違います。あなたもこの3種の資料を読めば、文字を介したコミュニケーション全般と、ボイス＆トーンのデザインという特別な領域について、多くのことが学べます。発見し、ワクワクを味わってください。

指針として、判断基準として：ボイス＆トーンのスタイルガイドの活用法

ボイス＆トーンのスタイルガイドを開けば、ライティングに関する特に重要な2つの問いへの答えが見つかります：その2つの問いとは、どんなスタイルで書くべきか、そしてどんな内容を扱うべきか、です。ですからウェブサイト、アプリ、メールマガジン、ソーシャルメディアなどのコンテンツ作りでは、つねに文章をボイス＆トーンのスタイルガイドと照らし合わせましょう。

指針として：

どんなスタイルで書くべきかという問いに対し、進むべき道を指し示してくれるのがボイス＆トーンのスタイルガイドです。これを指針とすれば、どのような言葉や言い回しがブランドの価値や個性に合うかがわかります。ボイス＆トーンのスタイルガイドは、あらかじめ十分に読み込んでおきましょう。そうすれば、あとは必要に応じてざっと見返すだけで、要点を思い出し、ぶれない表現ができます。

判断基準として：

どんな内容のメッセージを書くべきかという問いにも、ボイス＆トーンのスタイルガイドはあらゆる判断基準を与えてくれます。どうすれば行動への動機づけができるか、どのような障壁があり、どうすればそれを取り除けるか、あるいはどのようなメッセージがもっとも効果的か、などと自問しているときは、ボイス＆トーンのスタイルガイドを開きましょう。答えは必ず見つかります。

本章を締めくくる覚え書き

ボイス＆トーンのスタイルガイドは、それを作成すること自体が目的ではありません。ブランドの個性に合わせて趣向を凝らし、完成度の高いボイス＆トーンのスタイルガイドを作成しながら、その内容を実践することができなかったブランドを、私はたくさん知っています。

なぜそんなことが起こるのでしょうか？　ライティングは、深く身に付いて簡単には打ち破れない習慣だからです。人は、自身の思考回路に従い、使い慣れた言葉を並べていつも通りの言い方をするほうが、ずっと簡単なのです。手放そうとしても、気付けば戻ってきてしまうのが習慣です。

ボイス＆トーンのスタイルガイドに従うためには、古い習慣から抜け出し、その都度新しく思考を広げていくことが必要です。そうすれば私たちの書く言葉は、ブランド価値にフィットし、ユーザーにとって重要なポイントを強調し、設定した目標を達成するメッセージになります。

ボイス＆トーンのスタイルガイドを作成する作業は、ほんの入り口にすぎません。
スタイルガイドが完成したら、その内容に沿ってライティングを実践することこそが重要です。自分の殻を脱ぎ捨て、ブランドそのものを体現する存在になったつもりで言葉を紡ぎましょう。

これは挑戦し甲斐のある、たいへん魅力的な取り組みです。ライティングのスキルが磨かれ、大きく前進したあなたに、きっと出会えます。

ですからどうか、古いやり方に戻ろうとはしないでください。ここで頑張れば、ボイス＆トーンを軸とする新しいライティングの習慣が、あっという間に身に付くはずです。

適切なボイス&トーンを探し当てるための質問リスト

* ブランディングの工程で活用できる質問リストです。必要であれば、主要な関係者によるグループインタビューを実施して、結果をまとめてください。

第1ステージ：ブランドを知る

ビジョン

・このブランドは、世の中にどんな変化を起こそうとしているのでしょうか？　その試みが成功したら、世界はどんな風に良くなるでしょうか？

これは未来についての問い掛けであり、必ずしも成し遂げられるとは限りません。けれどもビジョンは指針としての役割を果たし、進むべき道を指し示して、未来の理想像を明らかにします。

ミッション

・このビジョンを実現するために何をするべきでしょうか？　どうすれば変化を推進していけるでしょうか？

これは現在についての問い掛けです。どのような方法を選び、どのような領域で行動するかを、簡潔に言い表しましょう。

ブランド価値

・ビジョンとミッションに沿ったブランド活動を続けていくために、どのような価値が重要でしょうか？

・このブランドはどのような価値を重視し、広く人々に伝えていこうとしているでしょうか？

・それらの中で、特に重要な5つの価値は何ですか？

・それぞれの価値を、2〜3の単語で言い表しましょう。それはあなたにとって、そしてブランドにとって、どのような意味があるでしょうか？

ブランドの個性

・仮にそのブランドがひとりの人間で、この部屋で初めて会うとしたら、ひと目見て思い浮かべることは何でしょうか？　3つ挙げましょう。

・その人物と同席して一緒にコーヒーを飲み、より親しくなれたら、はじめのうちは気付かなかったどんなことを発見するでしょうか？

・もしそのブランドがひとりの人間なら：年齢は？　服装は？　配偶者の有無は？　新聞を開く時間帯は？　最初に目を通す記事はスポーツ欄か芸術欄か時事ニュースか？　スマホの機種はGalaxyかiPhoneか？　趣味は？　興味のある分野は？

・その人物は、ユーモアのセンスの持ち主でしょうか？　もしそうなら、どんなときにそれを発揮しますか？

・その人物がどうしてもだめと考えることは何でしょうか？

・有名人にたとえるなら誰ですか？

第2ステージ：ユーザーを知る

ニーズと問題

・実用面ではどのような問題を、あなたのプロダクト / サービスは解決できますか？

・精神面ではどのような心配事やストレスを、あなたのプロダクト / サービスは軽減または解決できますか？

夢と希望

・ユーザーが、あなたのプロダクト / サービスを使って実現しようとしていることは何ですか？

・このプロダクトのどこが、ユーザーの心を掴んだのでしょうか？　何が、ユーザーに希望を与えたのでしょうか？

・ユーザーの生活の中で重要な価値を持つ物事のうち、あなたのプロダクトがその価値を高めることができるのは何でしょうか？

・このブランドはユーザーに何を約束できますか？　将来、ユーザーに手渡せると約束できるものは何ですか？

障壁

・あなたのプロダクト / サービスを必要とする人や、あなたのウェブサイト / アプリのことを知っている人が、結局はそれを使わないとしたら、その理由は何ですか？　使ってみようという気持ちを押しとどめるものは何でしょうか？

・ユーザーが操作に関して（操作の前や途中や後に）不安を抱くとしたら、主に何に関してでしょうか？

・ユーザーを混乱させやすい要素や、明確に伝わりにくい要素は何でしょうか？

強み（競争優位性）

・このブランドの主要な競合相手は？

・このブランドは、本物の顧客価値を通して競争優位性を確立することができていますか？

・同様のプロダクト / サービスが、他のブランドからも提供されていますか？　ユーザーはなぜこのプロダクト / サービスを選んだのでしょうか？

ブランドとユーザーの関係性

・ユーザーとブランドの間に、どのような関係性を築きたいですか？

・ブランドのウェブサイトやアプリを使用中のユーザー、あるいはその他の顧客との接点に身を置いているユーザーに、どんな気持ちを抱いてもらいたいですか？

・ユーザーは自分自身をどのように捉えているでしょうか？　あなたとの関係性を通して、どんな自己認識を高めてほしいですか？

・ブランドについて思うところを尋ねたとき、ユーザーがどんな風に答えてくれたら嬉しいですか？

第 2 章

会話体ライティング

本章の内容

- なぜデジタルプロダクトがユーザーに語り掛ける必要が
あるか
- 会話体ライティングとは何か
- その実践法—ルールとコツ

顧客サービス担当者にどれだけ投資するか？

あなたが現在制作中のデジタルプロダクト（たとえばウェブサイト、アプリ、SaaS[*1]、エキスパートシステム[*2]、キオスク端末[*3]など）は、稼働を開始して顧客の目に触れた日から、ブランドを公式に代表する存在となります。そして顧客に利用を呼び掛け、訪問してくれたら挨拶をし、製品やサービスを紹介し、その機能や使い方を説明し、彼らがシステムを離れるときは別れの挨拶をします。

[*1]：SaaS（サース）とは「Software as a Service」の略。パッケージ製品として提供されていたソフトウェアを、インターネット経由のサービスとして提供・利用する形態のこと。
[*2]：ある分野の専門家の持つ知識をデータ化し、専門家のように推論や判断ができるようにするコンピュータシステム。
[*3]：コンビニや公共施設、駅や空港などに設置される自立式の小型の情報端末。情報やサービスの提供、各種の支払いや手続きなどに用いられる。

あなたがユーザーなら、どんなタイプの顧客サービス担当者が目の前に現れ対応してくれたら嬉しいですか？　**あなた**に、このブランドこそが一番だ、自分にぴったりだと信じさせてくれそうなのは、どんなタイプの顧客サービス担当者ですか？　私がユーザーだとしたら、特に好ましく思うのは、誠実そうな自然体のほほ笑みをたたえ、心から力を貸そうとしてくれる担当者です。その人物は人の役に立つことを自らの目的と捉え、ハキハキとした感じの良い話し方の中には、自分自身と自社ブランドへの誇り、そして私への敬意がうかがえます。緊張をほぐすような、ちょっとしたジョークも口にします（私のくだらない一言にも反応してくれます）。簡単にいえば、私が無数の顧客のうちのひとりにすぎないということなどすっかり忘れてしまうような、パーソナルなサービスを提供してくれる、スキルの高いサービス担当者です。

血の通った人間味のある顧客サービス担当者は、信頼感と親しみやすさを兼ね備えたエクスペリエンスを提供してくれます。ライティングを通してそのようなエクスペリエンスを提供したいなら、言葉に関するひとつの認識が必要です。つまり、**インターフェイスに表示される言葉は、あなたが実際に顧客と対面して語り掛ける言葉と同じ働きをする**という認識です。ですから、嘘やごまかしがなく、心のこもった人間らしい言葉が使えれば（どれだけお堅い組織でも）、顧客のエクスペリエンスはより良いものになります。

従来は人間味のあるサービスを必要としなかったような業界も、これからは人間らしさのことを学んでいかなければなりません。会話体ライティングの利点について詳しく知りたい方は、ケイト・モランの記事"The impact of tone of voice on users' brand perception（語り口がユーザーの'ブランド認知'に与える影響）"（ニールセン・ノーマン・グループ）を参照してください。

クリフォード・ナスの実験については、第1章で紹介しました。その報告にもあったように、インターフェイスが人間らしく感じられ、人々の社会的通念とも合致していると、ユーザーはその関係性を持続させ、反応を返し、そこから提示されるものを受け入れようとします。ですからデジタルプロダクトのボイス&トーンは、できるだけ人と人の会話に近づけることが重要です。

現実には、ほぼすべてのデジタルプロダクトが、人間らしさからは程遠いようです。書かれる言葉の多くは機械的で堅苦しく、無味乾燥であり、パーソナルな心遣いはまるで感じられません。融通がきかず、無表情で紋切型のボイス&トーンの中に、笑顔やおもてなし、温もり、誠意を見いだすことは、かなり難しいでしょう。

例

- エラーです、もう一度お試しください
- この操作を実行するためにはログインが必要です
- 有効なメールアドレスを入力してください
- アカウントをお持ちでない方へ。このページで取引を続行し完了するためには、アカウントを作成し、ご本人確認をする必要があります

なぜこうしたことが起こるのでしょうか? 小さい頃から私たちは、書くときと話すときに、別々の言葉を使うよう教えられます。**書き言葉**は大抵、形式的で小難しく、それがきちんとした言葉づかいだとされます。他方**話し言葉**は、より軽快で、回りくどさがなく、耳馴染みが良く、誰にでもわかりやすい気さくな言葉です。かつては、書き言葉が使われるのは遅延型の通信方法でした。その場合メッセージの受け手は、有形物である紙（手紙など）を受け取ってから内容を読むので、大抵は言葉が書かれてから届くまでに何日もかかりました。他方、話し言葉が使われるのは、対面型のコミュニケーションか、または電話だけでした。これらは、言い換えれば、人と人の直接的なやり取りです。メッセージは発せられた瞬間に相手に届き、反応もその場で返されます。

やがてインターネットの時代が到来し、何もかもが変わりました。電子メールが、遅延型の通信手段と即時型の通信手段との間のギャップを縮め、インスタントメッセージが、そのギャップをほぼ完全に解消しました。フェイスブックやワッツアップでコミュニケーションを取るとき、私たちは書いているのでしょうか、それとも話しているのでしょうか?チャットアプリで私たちが使うのはどちらでしょう、書き言葉ですか、話し言葉ですか?

カーメル・ワイズマンとイラン・ゴネンは、共著『インターネット・ヘブライ』（ケター社、イスラエル、2005年）で、この問いに歯切れ良く答えます（19ページから引用）：

> インターネットは、書き言葉と話し言葉を分断していた古い壁を壊し、第三の選択肢を出現させた：会話体ライティングだ。

つまり私たちは、書き言葉と話し言葉のいずれか一方ではなく、両者の要素を併せ持つ新しい言葉を目にしているわけです。

さあ、神話を打ち砕く心構えはできましたか？
話し言葉を使い、話すように書いてみましょう。

ただし、顧客に対して不適切な言葉を使うのは厳禁！

当然です。顧客に対して一定の水準以下の言葉を使うことは、どうあっても許されません。けれども、話し言葉が必ずしもがさつであるとは限りません。上司や顧客や大事な取引先との改まった会話で口にするのは話し言葉ですが、それは不適切な言葉ではありません。

違いは何でしょう？　不適切な言葉とは、ぞんざいで、正確さを欠き、誤解を生みやすい言葉のことです。あるいは、文法が崩れていたり一貫性に欠けたりして、いい加減な言い方のことです。話すように書くとは、そういうことではありません。私の言う話し言葉とは、丁寧で、敬意にあふれ、文法的に正しい言葉です（意図的にそうでない言葉を選ぶこともあります―たとえばスラングをいい塩梅に織り交ぜるような場合です）。そうした文章には一貫性があり、正確かつ明瞭です。両者の違いをきちんと認識し、区別してください。会話体ライティングには上質な言葉を使わなければなりませんが、上質な言葉とは、厳格でかしこまった言葉のことではありません。

言い換えれば、インターフェイスはどちらの側面も備え得るし、備えるべきなのです。思慮深く振る舞いながら楽しげに見え、知的でありながら笑顔を輝かせ、礼儀をわきまえながら人当たりの良さも持ち合わせます。あなたの周りにいる人々も、きっとそうでしょう。

もちろん、現実がそう簡単でないことは承知しています。デジタルプロダクトのライティングで、書き言葉と話し言葉の区別から離れ、前者は丁寧だけれども後者は違うという発想を手放そうとしても、すぐにはできない人もいるでしょう。たとえ、形式的な書き言葉のボイス＆トーンが、実際のプロダクトの特徴やスタイルにはそぐわなくても、つい、従来の書き方が出てしまうこともあるでしょう。けれども、会話体ライティングのための適切なルールさえ明確にすれば、きっとうまくいきます。以下で紹介するルールを、ぜひ役

立ててください。

会話では口にしないような言い方をしない

たとえば大手の金融機関や保険会社、行政機関など、かなり堅苦しいタイプの組織であっても、法律関係の専門家が応対しているような言葉づかいは必要ありません。顧客サービス担当者の応対であるかのような印象を目指しましょう。デジタルプロダクトは、細やかに気を配る顧客サービス担当者と同等の存在なのだと捉え、取っつきにくい、威圧的な応対は避けてください。

書き言葉では、かなりかしこまった会話でも口にしないような言い方をすることがあります。けれども真にサービス志向でありたいなら、形式的で堅苦しい言い回しは手放す必要があります。**ルールは簡単、会話では口にしないような言い方をしないことです。**以下の例を見てください。矢印のあとに、会話体ライティングにふさわしい言い方を例示したので、参考にしてください。

- ダイヤルしたい電話番号を入力してください→何番におかけですか？
- このサイトへの登録をすでに完了している方は、eメールアドレスとパスワードを指定してください→ユーザー登録はお済みですか？　それではメールアドレスとパスワードを入力してください
- 書き込み内容確認のため、ご指定のアドレスにeメールが送られます→確認メールを送信しました（ややフォーマルな別案：確認メールをあなたのメールアドレスにお送りしました）
- 電話での購入申し込みも可能です→商品のご購入は、電話でも承ります
- あなたが購入を希望する製品→あなたのお買い物リスト
- あなたのサインイン情報の詳細は下記の通りです→あなたのメールアドレスとパスワードは：
- パスワードをお忘れの場合→パスワードをお忘れですか？

文章の構造の違いを意識する

書き言葉と話し言葉には、文章の構造に関する違いがあります。

書き言葉は受動態が多く、話し言葉は能動態が多い

改まった文章を書くときは、次のような言い方になりがちです：

望ましいと思われる支払い方法をお選びください。

"望ましいと思われる"は受動態です。けれども会話では、こういう言い方をしません（"望ましいと思われる"とは、"誰かがそれを望ましく思う"という意味であり、主語は"誰か"です）。

会話では、目の前の人物に対してシンプルに能動態で尋ねるはずです：

どのような支払い方法をご希望ですか？

または、相手にこう依頼します：

支払い方法をお選びください。

話し言葉で使う能動態は、話し掛けている相手を主語にした表現ですから、望ましいのはそちらの言い方です。マイクロコピーではつねに能動態を使いましょう。

優れた会話体ライティングのためのヒント

1、思い浮かんだままの言葉を使う

物事をどう言い表せばよいか、判断しかねるときは、ユーザーがあなたの目の前に立っていると想像してみましょう。あなたはその物事を、彼らにどう伝えますか？ 事前に言葉を組み立てたり練り上げたりせず、できるだけ自然に、その場での思い付きに任せます。二人一組で実際にやってみると効果的です。ひとりが質問し、もうひとりが、最初に心に浮かんだ答えをそのまま返します。

2、音読する

その言い方は自然ですか？　文章の流れはスムーズですか？　生きた人間が言葉を発しているように聞こえますか？　それなら上出来です。

3、味気ない定型文は避ける

実際の会話で面白いのは、先の展開が決して予想できないことと、まったく同じ会話は二度と繰り返されないことです。本物の会話の一部であるかのような文章を書きたいなら、実際に人と会話をしてみる必要があります。定型文（取引は無事に完了しました；お待ちください；エラーです、再試行してください、など）で間に合わせるのではなく、今ここで相手に、本当に言いたいのはどんな言葉かと自問してみましょう。

4、質問をする

質問をすると、それに返事をするというやり取りの感覚が生まれ、複数の人間が会話を交わしているかのような流れを作ることができます。ですから、"パスワード送信先のメールアドレスを入力してください"ではなく、"このリンクの送り先はどこですか？"という言い方をしてみましょう。この言い方にはもうひとつ、ユーザーの反応を促す効果もあります。なぜなら人は、質問に答えられる状態でありながら答えずにいると落ち着かないからです。ただし、質問数を増やしすぎないよう注意してください。煩わしいインタビューのようになってしまうからです。

会話体ライティングの6原則

- ✓ ユーザーに直接語りかける
- ✓ あくまでも自然に
- ✓ 短くまとめ、ポイントを押さえる
- ✓ 耳慣れた、いつも通りの言葉を使う
- ✓ 能動態を使う
- ✓ 流れを作る

TIP 07

スラング─使える？　だめ？

スラングをピリッと効かせると、実在の人物が本当に口にした言葉という印象が強まります。それはよいのですが、デジタルプロダクトは、あらゆる顧客サービス担当者と同様、ブランドを代表して接客する存在であることをわきまえなければなりません。ですから、本筋から外れないよう気をつけ、許容範囲内にとどめることが大事です。スラングを使ったその表現が許容範囲内かどうかを確かめるには、どうすればよいでしょうか？　母国語で書いている場合は、何となくわかるはずです。自分の直観を信じてください。母国語以外の言語で書いているなら、ネイティブスピーカーに文章をチェックしてもらい、そのスラングがさらりと軽やかで、穏やかで、癖のないものであることを確認しましょう。

注意点はもうひとつあります。プロダクトの提供範囲が単一の文化圏内に限定されているのでない限り、特定の文化圏でしか通用しないスラングは使えません。

最後に、当然ながら、有害なスラング、性差別的なスラング、人種差別的なスラングは一切使用禁止です。

第 3 章

モチベーションを高める
マイクロコピー

本章の内容

- ベネフィットは最高のモチベーター
- やる気を引き出せばユーザーは動いてくれる
- ときには扉を開くだけで十分
- ソーシャルプルーフ（社会的証明）は効く

モチベーションを高めるライティングの4大原則

本書ではこの後 Part 2 で、マイクロコピーの書き方を各種のユーザーインターフェイスごとに詳しく解説していきますが、その前に、あらゆるインターフェイスに共通の、ライティングの4原則を紹介します。この原則は、デジタルプロダクトのライティングだけでなく、顧客向けのあらゆるライティングで役立ちます。

1、行動の方法ではなく、行動することの価値を伝える

ユーザーは、特定のページやウェブサイト、またはある種の行動が、自身にとって実際的な価値のあるものかどうかを、ほんの数秒で判断します。つまりあなたは、たった数秒のうちに、そこから離脱せず行動を起こすことの価値を確実に認識してもらわなければならないわけです。そのためには、あらゆる言葉があくまでもシンプルで、明快で、なおかつ説得力を備えていなければなりません。とにかくわかりやすく要点を伝えましょう：あなたのプロダクトまたはサービスを利用すれば、彼らは何を手に入れることができ、どのような問題が解決され、生活全体がどのように向上するでしょうか。ボイス＆トーンのスタイルガイドがあるなら（第1章参照）、今こそ活用するべきときです。すべてはそこに書かれています。

コツは？ ユーザーが利益を得るために必要な手順や方法を伝えるのではなく、ユーザーが何を得るかをテーマとして書く。

例

こうではなく：正しい財産管理のための多彩なツール
こう書きます：債務ときっぱり決別しましょう
または：債務に最後のお別れを

こうではなく：中古車の新しい購入方法
こう書きます：次の車を買いましょう、この方法なら安心です
または：中古車購入—面倒な手続きはゼロ、保証は万全

まず自問します：あなたのプロダクトまたはサービスを利用した人々に、どんな変化が起こるか？　かつてはできなかったどんなことができるようになるか？　あなたが彼らのために解決できる問題は何か？

そしてそれを伝えます。

ひとつ、気に留めておきたいことがあります。私たちはつい、自身のブランドやプロダクトやサービスについて語りたがるものだということです。それがどれだけ素晴らしいか、何を提供できるか、それがどんな利益に結び付くか？　これらは確かに重要な問いであり、その答えは必要です。けれどもユーザーに行動を起こしてもらいたいなら、自分について語ることは止めましょう。**語るべきなのは、ユーザーのことだけ**です。あなたが何を与えるかではなく、彼らが何を受け取るかです。**あなた**が彼らの問題をどう解決してその夢をかなえるかではなく、**彼ら**が自身の問題とどう決別して自身の夢をかなえるかです。

この言い換えは、多くの場合、ひとつの法則だけでできます。ポイントは、文章の主語を、語りかけている相手にすることです。

こうではなく：登録手続きが、迅速な支払いを実現します（主語は"登録手続き"）
こう書きます：ユーザー登録をすると、すぐに支払いができます

こうではなく：ギフトカードは、25の指定店舗での買い物を可能にしてくれます
こう書きます：このギフトカードがあれば、25の指定店舗で買い物ができます

2、ニコニコ効果、ワクワク効果

クリフォード・ナス（第1章参照）の報告によれば、メッセージの中に**ユーモア**があると、人々は自己肯定感を高め、インターフェイスをより好ましく受け止め、何より重要なこととして、相手からの提案を受け入れて、協力的に動こうとします。ただし、必要以上に知性を問うようなユーモアや、複雑な言葉遊びは避けるべきだと、彼は忠告します。そうでないと、場合によっては一部のユーザーが理解できず、置き去りにされたような気持ちになってしまうからです。また、ユーモアに関してもやはり、スラングのときと同じように、人種差別的な表現、性差別的な表現など、誰かに不快感を与えるような言い方をしてはいけません。また、ユーザーが乗り越えなければならない苦痛や困難をネタにするのも厳禁です。良質で罪のないユーモアだけにとどめましょう（30ページの7つのヒントを参照のこと）。

ワクワクするような気持ちも、ユーザーが前向きになり、やる気を出すきっかけとなります。コップの水理論でいえば、まだ半分もあるというプラス思考になり、リスクを取ることを恐れず積極的に行動する準備が整うのです。ナス教授の研究報告にもあった通り、ワクワクする気持ちがあると、人は何らかの行動を起こしたくなり、何も決断しないままで済ませるのではなく、何かを決断したいと望むようになります。ですから、ユーザーをワクワクさせることに成功したら、ゴールはすぐそこです。

3. ユーザーに敬意を払う：行動へのお誘い

行動喚起（Call To Action、CTA）という言葉がありますが、私はそれを、行動へのお誘い（Invitation To Act）と言い換えることがあります。なぜでしょうか？　おそらく私自身が、自分の行動に口を出されることを好まないからだと思います（誰かの行動に口を出すことも苦手です）。私が嬉しいのは、行動することのベネフィットをわかりやすく説明し、私のために扉を開いてくれるやり方です。そこから足を踏み出すかどうかは、私に決めさせてほしいのです。

押しの強い手法は、サービスや販売の現場で短期的には通用しますが、私たちがウェブサイトやアプリで構築しようとしている望ましい関係性には結び付きません。私たちがつねに目指すのは、ブランドへの信頼と、継続性と、感情的なつながりのある関係性です。そうすれば、楽しい記憶を積み重ね、長く関わり合っていけます。一度きりのやり取りではなく、これからも、いつまでも、利用し続けてもらいましょう。あなたの一番好きな有名ブランドが、きっとお手本です。そのアピール力、エレガンス、そして互いを尊重し合う精神のことを思い浮かべてみましょう。

コツは？　ユーザーに対し、望ましい行動がどんな利益につながるかを説明し、それを実行するよう誘い掛けましょう。前向きにやる気を引き出すような、押し付けがましくない表現が大切です。不誠実な引っ掛け手法には決して頼らないでください（TIP 08参照）。

行動へといざなうメッセージが、ユーザー自身にとって重要な物事を伝える内容かどうかを検証しましょう。ユーザーとの間に、どのような関係性を長く続けていきたいかを見据え、ユーザーへの敬意を込めて書いてください。

4、ソーシャルプルーフ（社会的証明）：皆で渡れば怖くない？

人間は社会的動物であり、ときには驚くほど社会性を強く示すことがあります。ソーシャルプルーフとは、人々が自分の行動を、周囲の人々の行動に合わせて決めるという心理的傾向を指します（群集心理ともいいます）。たとえば私たちは、さびれたレストランよりも混んだレストランのほうに足が向きます。あるいは、すでに「いいね」をいくつも獲得しているコンテンツの方が、まだ誰からの反応もないコンテンツよりも、「いいね」ボタンを押しやすい気がします。

他の人々も同じ分岐点で同じ行動を選んだ、という事実がわかると、ひとつの状況の中にある不確かな要素が減り、これを信じてよいのだと思えるのです。そして、すでにその行

動を選んだ人々の輪の中に自分も加わろうという気持ちが生まれます。

ソーシャルプルーフはコンバージョン率を劇的に高めるとの研究報告があります（ロバート・チャルディーニ教授の著書『**影響力の正体：説得のカラクリを心理学があばく**』岩田佳代子訳、SBクリエイティブ）。また、ポジティブなソーシャルプルーフをボタンのすぐ近くに配置すると、クリック率が上がります（ボタンについては第11章で詳しく解説）。CTA（行動喚起）の一要素として、一連のプロセスの序盤にソーシャルプルーフを利用する方法もあります。本書で取り上げる事例の中にも、ソーシャルプルーフの要素を含むものがたくさんあります。

ソーシャルプルーフの種類

- **数の説得力**——一日で、または累計で、何人の人々がすでにこのプロダクトを購入したか；このサービスの利用者は何人か；現在の閲覧者は何人か；この説明書をダウンロードしたのは何人か；この動画が再生されたのは合計何時間か。

- **具体性**——直近にそのサービスを利用した人物の名前；そのプロダクトがもっとも多く売れる場面。ソーシャルプルーフは、総じて、内容がより具体的（人名、写真、発言の引用）であるほど信頼性が高くなる。

- 他のユーザーからの**意見、感想、推薦**。

- **格付け**、たとえば人気スターの起用、トリップアドバイザーなどの格付けサイトの報告の引用など。

- **公式なアワード、プレスの好意的レビュー。**

- **ソーシャルメディア**——ユーザーにより共有ボタンやいいねボタンがクリックされた延べ数。

- **他のユーザー**——すでにそのプロダクトやサービスを利用した重要な顧客のロゴや名前。

いいえ結構です、愚かであろうとかまいません

特に英語圏で広まった手法の中に、コンファームシェイミングまたはマニピュリンクと呼ばれるものがあります。これは、配置したボタンまたはリンクに、ユーザーが自らの行動を疑い、自信を失うような言葉を入れる手法です。つまりユーザーに対して、勧められた通りに行動しないのはどう考えても愚かだ、と暗に伝えるのです。

例

- いいえ結構です、売り上げが伸びなくてもかまいません
- いいえ結構です、節約したいとは思いません
- いいえ結構です、このチャンスを逃しても惜しくありません

この種のボタンを目にするたび、私は驚いてしまいます。ユーザーが自分自身に引け目を感じるよう仕向ける手法に、どんな意味があるのでしょうか？　もちろん、その答えはコンバージョン率です。ユーザーがボタンをクリックすればするほど、売り上げは伸びます。確かに成功です。ただしそれは、短期的な成果にすぎません。長期的に見ればこれは、ブランドの評価とユーザーからの信頼を犠牲にしているだけのことです。ユーザーのもとに残るのは、そのプロダクトとの最後のインタラクションを通して自分は愚かなのだろうかと思わされた記憶、あるいは、勧められた通りに行動しないのは愚かだと言われたせいで望みもしない行動をとったという記憶だけです。

マイクロコピーを書くときは、ユーザーの立場に身を置かなければなりません。ユーザーが自分自身を好ましく感じられるような書き方をしましょう。彼らを軽んじるなど、もってのほかです。あなたが作るべきなのは、ユーザーがぜひ訪問したい、これからも再訪したいと思える場所です。もしもそれで即時のコンバージョン数が減ったとしても、ロイヤル顧客は大幅に増え、あなたのプロダクトやサービスが必要になったときにはいつでも再訪してくれます。

ですから、ユーザーに不快な思いをさせるような手法は使わず、ユーザーが得られるはずの価値に光を当ててモチベーションを高めることに力を注ぎましょう。

Part 2

エクスペリエンスと
エンゲージメント

あらゆる言葉がオポチュニティ（好機）

本書Part 1のテーマは、ボイス＆トーンでした。ユーザーにメッセージを届けてモチベーションを向上させ行動を促すことが私たちの仕事ですが、それらのメッセージを伝えるための語り口が、ボイス＆トーンです。ボイス＆トーンをデザインすると、どのような利点を強調すればよいか、どのような顧客の不安に対応するべきか、このブランドとの接点でどんな印象を抱いてほしいか、などが明確になります。Part 2では、さまざまなデジタルプロダクトで実際にメッセージを書くときに、ボイス＆トーンをどのように活かせばよいかを検証していきます。

各種のサイトやアプリには、いくつもの基本的な操作画面があります。Part 2の各章では、それらの画面をひとつずつ順に取り上げ、解説していきます。これらの基本画面に独特の表情を与え、ブランドの個性を表現し、ユーザーのハートに言葉を響かせ、彼らが意欲をもって行動するよう動機づけるためには、どうすればよいでしょうか。

Part 2の各章を読めば、あなたのサイトのあらゆる言葉、あらゆるページ、あらゆるフォームが、ひとつのオポチュニティであることがわかるでしょう。それらを存分に活かせば、心を込めてユーザーを歓迎し、彼らの行動意欲を高め、あなたのブランドの差別化を図ることができます。ひとつひとつのタイトルや入力フィールドやボタン、そして厄介なエラーページさえもおろそかにせず、ちょっとした意外性や、ユーザーをワクワクさせるような仕掛けを盛り込みながら、あなたがユーザーの気持ちに寄り添い、真に優れたプロダクトやサービスで彼らをサポートできることを伝えましょう。すべての章で、ライティングの原則をわかりやすく簡潔に解説しますので、すぐに実践できるはずです。

Part 2の章構成：

第4章　会員登録、ログイン、パスワードの復元
第5章　メールマガジンの配信登録
第6章　お問い合わせ
第7章　エラーメッセージ
第8章　成功メッセージ
第9章　エンプティステート
第10章　プレースホルダー
第11章　ボタン
第12章　404エラー：ページが見つかりません
第13章　待ち時間

第4章

会員登録、ログイン、パスワードの復元

会員登録フォーム

デジタルプロダクトでユーザーに会員登録を勧めるということは、彼らに対し、これからも利用を繰り返してくれるよう働き掛けるということです。そこには、ひとつの関係性が築かれることへの期待があります。

けれどもユーザーには、会員登録をしないことを選ぶもっともな理由が、少なくとも2つあります：

1つ目。会員登録の際は通常、登録フォームへの入力、またはソーシャルメディアのアカウントを利用するための手続きが必要です。けれどもユーザーは、フォームの空欄を埋めていく作業をひどく嫌います。時間がかかるし、面倒だからです。彼らは詳細な個人情報を提供しなければならず、パスワードを思い出すか、または新しく作る必要があり、望んでもいないことを約束させられたり支払い義務が生じたりするリスクもあります。ソーシャルメディアのアカウントを利用する方法はかなり普及しましたが、それでも登録をせずに済ませたいと考えるユーザーは少なくありません。個人情報のことが気掛かりだからです。

2つ目。関係性を築くということは、約束を交わし責任を負うということです。けれども、必要に迫られているわけではないのに、わざわざ何かの責任を負いたがる人がいるでしょうか？　単にサイトを訪問するだけでよく、それで今後も平穏な生活を続けていけるなら、会員登録をする必然性はありません。

ユーザーはどのくらい会員登録を避けたがるか？

大いに！　ショッピングカートに商品を入れるところまで進んでも、支払い手続きの前に登録を強要されると、そのまま放り出して、同一商品を他のサイトで探し始めることさえあります。ある大企業は、商品を購入する前に必ず会員登録をするという仕組を廃止したところ、年に3億ドルも利益が増えたそうです（ジャレッド・M・スプールの記事"The $300 Million Button（3億ドルのボタン）"参照）。人々はそれほど会員登録を嫌います。

会員登録が任意であっても必須であっても、会員登録ページのライティングには、ユーザーが障壁と受け取る要素を取り除いて、快適に登録手続きを進められるようにすることが求められます。**彼らが**私たちとひとつの関係性を築くのは望ましいことであり、会員登録をすれば**彼らに**利益がもたらされるということを、きちんと理解してもらいましょう。

インターネットでは下図のような入力フォームをよく見かけますが、これではユーザー行動を後押しすることは**できません**。会員登録をするかどうかをユーザーが判断するうえで参考になる情報が何もないし、彼らが操作を断念して離脱することを食い止めるような働き掛けもありません。ユーザーが入力を嫌がるタイプの入力欄が並ぶだけの、彼らに対する語り掛けのない入力フォームです。これでユーザーは会員登録をしたいと思えるでしょうか？

Create an Account

First name*

Last name*

Email*

Password*

Confirm password*

REGISTER

アカウント作成

姓
名
メールアドレス
パスワード
パスワードの確認

登録

会員登録フォームをただ作成して表示するだけでは不十分なのです。ユーザーのモチベーションに働き掛けて、登録を完了するようサポートしなければなりません。そこで役立つのが、以下の3つの対策です。

1、タイトルを変更する

ユーザーを"ユーザー"と呼ぶのは止めましょう。そして「**新規ユーザー**」「**既存ユーザー**」「**登録済みユーザーはログイン**」などの言い方は避けてください。大切なのは「**会員登録**」「**登録**」「**アカウントの作成**」など、ユーザーが現在の状況と、ここでやるべき操作を理解できる言葉を使うことです。ただし、実用本位にならないよう気をつけることも必要です。会話体ライティングでユーザーに直接語りかけ、歓迎の意を伝えましょう。

こんな言葉を付け加えるのがおすすめです：
・はじめまして
・会員登録はこれからですか？　では、このページで正解です。
・お会いできて嬉しいです(^^)

- さっそく会員登録をして、…を始めましょう（写真編集、友達探し、アルバム作りなど、ユーザーがあなたのプロダクトでできることなら何でも）
- 初めてのご利用ですか？
- どうぞ中へ！
- 非会員の方ですか？　ぜひ会員になってください！

ただし、独創的になりすぎてもいけません。大切なのは、登録をする意向があるユーザーに、正しいページに到達したと伝えることです。

工夫を凝らした言い方をお勧めするのは、会員登録フォームのタイトルだけですので、その点は注意してください。ナビゲーションバーにリンクとして表示する「会員登録／ログイン」の文字に手を加えることは止めましょう。ナビゲーションバーでユーザーが見つけたいのは、まさにこれらの言葉であり、ここが少しでも変わってしまうと、ユーザーは見つけづらくなります。趣向を凝らすのは、実際の会員登録ページだけにしてください。

2、会員登録がなぜ彼らにとって望ましいかを伝える

会員登録を必須とするサイトであっても、貴重な2分間を費やして登録手続きをすることの意味を、ユーザーにきちんと説明しましょう。まず下準備として、未登録だと手に入らず、登録をして初めて手に入る利益をすべてリストアップします。そうしたら登録フォームの一番上かその次に、その中で特に重要ないくつかの項目を箇条書きにします。欲張る必要はありません。2〜3個で十分です。

例

- 支払いが迅速です
- ウィッシュリストが作れます
- 詳しい個人情報を一度入力するだけで済みます
- 注文状況、発送状況、購入履歴が確認できます
- プロセスの進行状況が確認できます
- サイト内のアクセス制限区域、または特別公開コンテンツにアクセスできます
- 会員登録済みユーザー限定の割引が利用できます

内容を十分に検証し、ユーザーにとって本当に利益となるような重要な項目を選びましょう。

3、障壁を取り除く

あなたがユーザーなら、訪問先のサイトに片っ端から登録したりはしないでしょう。それはおそらく、次のような理由からです：

1、フォームの入力欄を埋める作業に時間と手間がかかる

2、メールアドレスを知られて大量のスパムメールに悩まされたくない

3、後から何らかの支払いを請求されるかもしれないという不安がある

これらは、すべてのユーザーが警戒する要素です。ですからこれらの点に言及し、彼らの不安を取り除きましょう。まず、会員登録手続きは短時間で簡単に済むことをはっきり伝えます。それから、ユーザーのメールアドレスの情報を他者には譲渡しないことと、メールを大量に送りつけたりしないことを約束します。

最後に、ボタンと成功メッセージとエラーメッセージの仕上げを忘れずに

会員登録は、デジタルプロダクトにおいて特に重要な手続きのひとつです。ですからボタンには必ず、行動喚起の言葉を入れましょう（第11章 TIP 19参照）。また、会員登録をして正解だったと感じさせるような素敵な成功メッセージも大切です（第8章参照）。さらにエラーメッセージも、わかりやすくて気持ち良く読めるものにしてください（第7章参照）。

Examples

ナイキ（Nike）は、躍動感と説得力のある表現方法で、スポーツの価値と個人の価値を提言します。これなら、スポーツを愛する人々にすぐに伝わります。

あなたのアカウントで
ナイキのすべてにアクセスできます

ナイキに何なりとお申し付けください。
最高のスポーツ用品と、専門的ガイダンスと、極
上のエクスペリエンスと、尽きることのない
モチベーションを、いつもあなたの元に。

フェイスブックで登録

Nike+
YOUR ACCOUNT FOR EVERYTHING NIKE

Nike at your service, providing access to ultimate gear,
expert guidance, incredible experiences and endless
motivation.

f REGISTER WITH FACEBOOK

www.nike.com

Tシャツ販売サイト、**ライフ・イズ・グッド**（Life is Good）です。登録を勧める3つの理由が箇条書きで提示されており、いずれもオーソドックスな内容です。手続きが簡単であることも明記されています。タイトルをもう少し工夫すると、ユーザーをもっと楽しませることができそうです。

NEW CUSTOMERS

Creating an account is easy. Just fill in the form below and enjoy the benefits of having an account.

CREATE AN ACCOUNT NOW

- Save shipping address & billing information
- Track orders & View order history
- Enjoy faster checkouts

www.lifeisgood.com

新規のお客様

アカウントの作成は簡単です。以下のフォームに入力するだけで、さまざまな会員限定サービスをお楽しみいただけます。

今すぐアカウントを作成する

・配送先住所とお支払い方法を保存できます
・現在の注文状況と注文履歴の追跡ができます
・支払い手続きが迅速にできます

テド（Ted）のサイトです。タイトルと最初の文章が連携して、心からの歓迎をユーザーに伝えます。続いて、十分に吟味され選択されたベネフィットが、簡潔にわかりやすく記述されます。フェイスブックのアカウントで会員登録をするユーザーのためには、本人の許可なく投稿することはないとの約束が明記されます（ソーシャルメディアのアカウントを使う会員登録については、本章で後ほど詳しく解説します）。

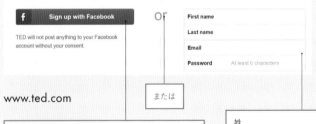

Welcome to TED.

You and your ideas are welcome here. When you join TED, you can leave comments, save talks to watch later, track TED-Ed lessons and generally be in good company.

Already a member? **Log in.**

f Sign up with Facebook

TED will not post anything to your Facebook account without your consent.

or

First name
Last name
Email
Password   At least 6 characters

www.ted.com

または

ようこそテドへ

あなたとあなたのアイデアを歓迎します。テドの会員になると、コメントを残し、トークの履歴を保存し、TED-Edレッスンを受講し、素敵な仲間と知り合うことができます。
すでにメンバーですか？　**ログイン**

フェイスブックで会員登録
テドが許可なくあなたのフェイスブックのアカウントに投稿することはありません。

姓
名
メールアドレス
パスワード　6文字以上

シーヴ（Thieve）は、中国の大手通販サイトであるアリエクスプレス（AliExpress）の厳選アイテムを取り扱うサイトです。会員登録を呼び掛ける彼らのメッセージは、直球勝負で無駄がなく、なかなか私好みです。ただ少しだけ気に掛かるのは、デザイン要素（フェイスブックに接続するための黒いボタンが表示されるだけで、入力フォームがない）や操作手順（ログイン操作が会員登録の操作になる）が通例とは違うにも関わらず、メッセージがかなり簡略化されていることです。これだと新規ユーザーは、黒いボタンをクリックすればソーシャルメディアのアカウントを利用できると理解することが難しいかもしれません。その点をわかりやすく伝えると、さらに良くなるでしょう。

www.thieve.com

ソサエティ6（Society6）も、アーティストがデザインしたアイテムを取り扱うサイトです。彼らは会員登録を勧めるにあたり、アーティストを支援するという事業の一端を、ベネフィットとしてユーザーに提示します。行動を喚起するこのメッセージには、ユーザーへの信頼が込められています。それはつまり、ユーザーが彼らと同じようにアートを愛し、制作者であるアーティストを愛していると信じる気持ちです。

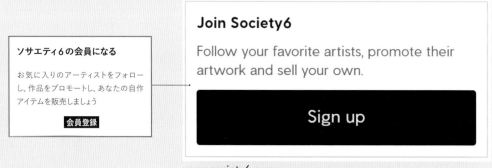

www.society6.com

フード・ドット・コム（food.com）のサイトです。会員登録ページにタイトルは必須というわけではなく、このように直接本題に入ってもかまいません。そうするとユーザーは、ここが会員登録ページだという確認作業を飛ばし、自身にとって重要なベネフィットをす

ぐに知ることができ、一気に全体を読み通せます。このサイトのオファーは、ソーシャル
メディアの食べ物情報にはまっている人なら見逃せないでしょう。

Save recipes across devices, write reviews,
and share your own photos!

SIGN UP EASILY WITH:

OR, SIGN UP WITH YOUR EMAIL

> あらゆるデバイスを利用してレシピを保存
> し、レビューを投稿し、写真を共有しましょう!
>
> **以下のアカウントを使えば**
> **会員登録は簡単です:**
>
> または、メールアドレスで会員登録

www.food.com

B4Uペイは、第1章で紹介済みのイスラエルの企業です。サービスの利用には会員登録が
必要ですが、彼らはそれがユーザーにとってどのように望ましいかを説明し、フォームへ
の入力を完了すれば、以後彼らの生活がより快適になることを伝えます。最後に、会員登
録とサービスの利用がすべて無料であることも約束されます。

Create an account with b4upay
and get the best prices on the Internet

Why sign up?

• Get an email as soon as we close the deal
• Easily track your orders
• We'll save your address for your next order

Signing up and service are **free**.
You can only gain

> B4Uペイのアカウントを作成すれば、オンライン
> の最安値があなたのものに
>
> なぜ会員登録を?
> ・取引が終了したらすぐにメールでお知らせ
> ・注文状況を簡単に追跡
> ・次回の注文に利用できるよう、
> 　アドレスを保存
> 会員登録とサービスの利用は無料
> お得な価格だけをあなたに

www.b4upay.com（Design: KRS | ヘブライ語より訳）

ペイパル（PayPal）はユーザーに、アカウントを作成すると、それ以前にはできなかったどのようなことが可能になるかを伝えます。会員登録をすると何が変化し、ユーザーの生活がどのように向上するかをきちんと説明するメッセージは、ブランド価値を伝える働きも兼ね備えています。会員登録は無料と書かれたタイトルは、金銭面の障壁を取り除きます。

さっそくペイパルの仲間になりましょう。
会員登録は無料です！
2種類のアカウントのいずれかを選んでください：
個人向けアカウント
デスクトップパソコンやモバイル機器から世界各国の店舗にアクセスし、ショッピングを楽しんでください。支払い方法に関する情報は、売り手には伝わりません。
企業向けアカウント
支払い内容が確認されたら、詳細な支払い請求書をあなたの顧客に送ります。より簡単で安全な取引を、いつでも、どこでも、誰とでも。

続ける

Join PayPal now. Signing up is free!

Choose from 2 types of accounts:

Personal Account

Shop in Israel and around the world from your computer or on your mobile — all without sharing your financial info with the sellers.

Business Account

Accept payments and send Detailed Payment Requests to your customers. It's easier and more secure to sell to anyone, anywhere, and any time.

Continue

www.paypal.com

ブログプラットフォーム、**ミディアム**（Medium）のサイトです。会員登録済みのユーザーだけが利用できる、数多くのベネフィットが紹介されます。いずれも、このプラットフォームならではのベネフィットであり、ブログの楽しさを最大限に味わうのに欠かせません。

ミディアムの会員になる

アカウントを作成すれば、ホームページのパーソナライズ、お気に入りブログのフォロー、特に面白かった記事へのWeb拍手など、楽しみが広がります。

グーグルで会員登録
フェイスブックで会員登録

Join Medium.

Create an account to personalize your homepage, follow your favorite authors and publications, applaud stories you love, and more.

G Sign up with Google

f Sign up with Facebook

www.medium.com

登録 vs. サインアップ vs. 参加する

「サインアップ」は、手続きが簡単かつ迅速であるという印象を与える言葉です。他方「登録」は、ユーザーがフォームの入力欄に数多くの詳細な情報を入力することが必要な場合に適します。たとえば銀行や健康保険会社やTV局などのサイトです。ユーザーに対して、単にコンテンツやサービスを届けるだけではなく、コミュニティに参加する感覚を伝えたいなら、「参加する」をおすすめします。

サインイン vs. ログイン

会員登録を表す言葉が「参加する」か「登録」か、という問題だけでなく、ユーザーが再訪したときに画面に表示する言葉を検証することも必要です。「サインアップ」と「サインイン」は、できれば画面に並べないようにしましょう。ユーザーが区別しにくく、一瞬手を止めて考えなければならないからです。私たちは、できるだけ手間取らず直感的に移動できるサイトを作りたいのですから、「サインアップ」という言葉を使うなら、組み合わせる言葉は「ログイン」にしましょう。色を変えると、より区別しやすくなります。ペイパルのリンクはこうです。

続いて、コーセラ（Coursera）のリンクです。

最後に注意点をもうひとつ。いったん「登録」という言葉を使ったら、別の箇所でも「登録」という言葉を使い、一貫させましょう。「サインアップ」や「参加する」も同じです。一貫性を保ってください。

ソーシャルメディアのアカウントを利用する会員登録の画面

ソーシャルメディアのアカウントを利用すると、ユーザーは改めて情報を入力する手間が省けるし、私たちはより詳しいユーザー情報を取得することができます―ウィンウィンです。現在はこの方法が一般化し、多くのデジタルプロダクトで会員登録の主軸となっています。

それでもユーザーが、一定の個人情報を提供しなければならないことに変わりはありません。ですからページの最上部にメッセージを入れて、会員登録の価値をユーザーに伝えることは、やはり必要です。

プライバシーに関する配慮はとても現実的な問題です。ユーザーにはメールアドレス以外の情報もかなり提供してもらわなければならないので、以下のようなメッセージを、少なくともひとつは書き添えておきましょう:

1、ユーザーに関する情報を一切公開しないことを約束します。 このメッセージは、次に続くフェイスブックの画面にも表示されます。けれども、確実に会員登録手続きを完了してほしいと望むなら、会員登録ボタンの隣に、このメッセージを入れてください。

2、ソーシャルメディア経由の会員登録の利点を伝えます。 これがもっとも速くて簡単な、最新の方法だと伝えます。

3、ユーザーの個人情報が重要であることを認識し、それを保護するために最善を尽くすと伝えます。

現時点では、ほぼすべてのサイトで、この種のメッセージが不十分であるか、または完全に欠落しています。おそらく近い将来には、この登録方法がより普及して、こうした配慮は必要なくなるでしょうが、今のところはまだきちんとした対応が必要不可欠です。私が見たところ、ユーザーがソーシャルメディア経由の登録を踏みとどまる唯一の理由は、ユーザーの個人情報を保護するという約束がないことです。

Examples

ソーシャルメディアのアカウントを使う会員登録の利点を伝え、不安を軽減するメッセージの実例を見ていきましょう。**ユニクロ**の書き方はひとつのお手本です。

www.uniqlo.com

#notevil（悪くない）、と保証するのは**エイソス**（Asos）です：

www.asos.com

Okキューピッド（OkCupid）のコピーは、短くて直球です。婚活、ダイエット、妊娠出産、医療、ファイナンスなどに関するプロダクトは、情報の取り扱いに慎重を要するので、ユーザーの個人情報を一切漏らさないとの約束は特に重要です。

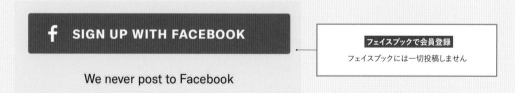

www.okcupid.com

登録済みユーザーのログイン画面

リピーターである登録済みユーザーは、ウェブサイトまたはアプリの得意客です。そして、実店舗で得意客が温かくもてなされるように、オンラインでも得意客は厚遇されるべきです。単に**ログイン**、または**登録済みユーザー**という言葉だけで済ませず、笑顔を引き出すような言葉を付け加えて、再訪を喜ぶ気持ちを伝えましょう。彼らを大いに歓迎し、大切に思っていることを表現してください。

Examples

エンバト（Envato）は、ユーザーの再訪をこんな風に喜びます。

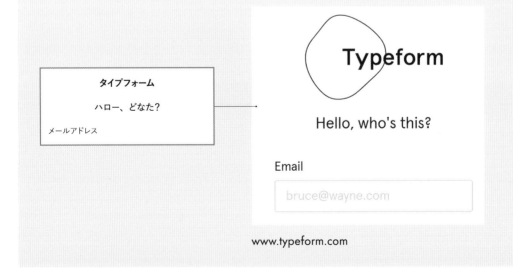

また会えて嬉しいです！

ユーザー名	リマインド
パスワード	リセット

Great to have you back!

Username	Remind me
Password	Reset

www.envato.com

タイプフォーム（Typeform）のログイン画面は、友人宅のドアをノックしたときのような感じです。

タイプフォーム

ハロー、どなた？

メールアドレス

Typeform

Hello, who's this?

Email

bruce@wayne.com

www.typeform.com

ピックモンキー (PicMonkey) は、ログイン画面の最上部に、くすっと笑えるメッセージを表示します。そしてその内容は、ユーザーが再訪するたびに変わります（笑）。

> Log in like you've never signed in before. Type that password with passion and intent!
>
> C'mon inside; it's cold out there! Log in and start working on your next masterpiece.
>
> Let's use teamwork today. You make something cool and we'll be like: Yesss!
>
> While you were gone we ate those chips you had on your desk. Hope that's okay.

生まれて初めてログイン操作をするような気持ちでやってみましょう。パスワードの入力には、目的意識と情熱を！

どうぞ中へ；外は寒いですから！　ログインして作業を開始し、次なる名作に取り掛かってください。

今日はチームワークがおすすめです。あなたはクールな画像を作成する係、私たちはイェーイと盛り上げる係です。

あなたが席を外している間に、デスクの上にあったポテトチップを平らげてしまいました。お許しを。

www.picmonkey.com

ただ、ここまでやる必要はなさそうです。何回目かで、うっとうしくなってくるかもしれません。やりすぎず、ほどほどに。

エモジコム (emojicom) は、絵文字のデータを提供するサイトです。ですから当然、こうなります…

Welcome back

Log in to your account

おかえりなさい

あなたのアカウントにログイン

www.emojicom.io

パスワードの復元

ログインしようとしてパスワードを忘れてしまった場合、ユーザーは新しいパスワードを取得すること以外、何も考えられなくなります。ですから、この種の画面に気の利いた表現は似合いません。凝りすぎるのは止めて、短く、シンプルに、実用的にまとめましょう。

Examples

下図は**タンブラー**（Tumblr）です。多くのユーザーがすでに対応方法を知っている場合、余計な言葉は不要であることがわかります。

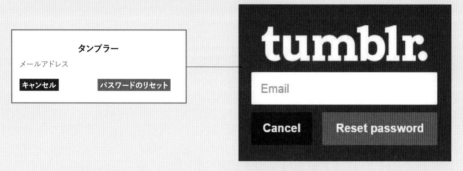

www.tumblr.com

続いて**アップサーブ**（Upserve）です。ユーザーがやり方を十分に理解しているかどうかが心配なら、短い説明文を書き加えましょう。

www.upserve.com

少しだけユーザーの気持ちを和らげるような言い方をすると、ユーザーはさらに楽になります。

Okキューピッドは、訪問者が本人だと信じている言い方をして、ユーザーに安心感を与えます。

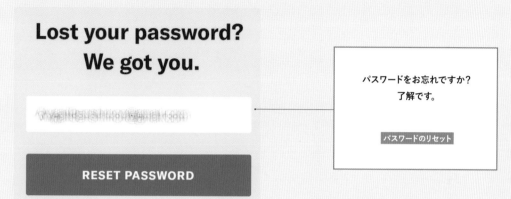

www.okcupid.com

タスク管理ToDoアプリ、**トゥドゥ**（TeuxDeux）は共感を伝え、救いの手を差し伸べます。

「ヘルプを依頼」をクリックすると、この画面になります：

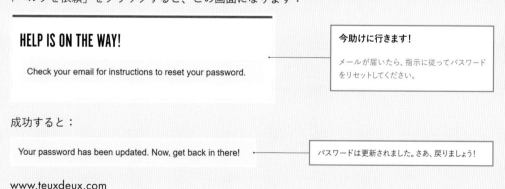

成功すると：

Your password has been updated. Now, get back in there!　→　パスワードは更新されました。さあ、戻りましょう！

www.teuxdeux.com

第 5 章

メールマガジンの
配信登録

本章の内容　　・メールマガジンの配信登録を促す 3 種の CTA
　　　　　　　　　・お誘いの言葉に説得力を持たせるための 3 ステップ

なぜ配信登録をするべきか？

ブランド側の人間にとっては、メールマガジンが重要な理由は明らかです。メールマガジンを送れば、一定以上の期間にわたって顧客に価値ある情報を届け、ブランドの存在を忘れないよう働き掛け、親しみと信頼を基盤とする関係性を育むことができます。新製品に関する最新情報を顧客に伝え続ければ、それはもちろん売り上げにつながります。ですからほぼすべての企業は、懸命にメーリングリストを作成し、定期的にメールマガジンを配信します。

問題は、ブランド側がどれだけユーザーに配信登録を望んでも、彼らはあまり乗り気でないことです。配信登録はスパムの元凶であり、望みもしない情報が山ほど送り付けられてきそうだと彼らは考えています。そんなリスクを越えて会員登録に踏み切ってもらうためには、真に説得力のある理由が必要です。

メールマガジンの配信登録を勧めるメッセージの表示方法は何通りかあります。ユーザーがそのデジタルプロダクトにアクセスしたとき、または画面を少しスクロールしたときにポップアップを表示する方法、会員登録フォームにチェックボックスを設ける方法、フッターまたはサイドバーにフォームを表示する方法などです。これらの方法をすべて使うこともできます（TIP 10参照）。

<u>配信登録のお誘いメッセージは、大きく3種類に分類できます。</u>

1、凡庸型

使い古しの定型文をそのまま使った、何の特徴もないメッセージ。あらゆるウェブサイトで見かけますが、これではユーザーの興味を引くことはできません。

例

- メールマガジンの配信登録をするときは、以下の情報を提供してください：
- メールマガジンの配信登録を！
- ここで配信登録をすると、私たちのメールマガジンがすぐにあなたのメールボックスに届きます。
- このメーリングリストにご参加ください。

たとえポップアップがセンス良く美しくデザインされていても、これでは台無しです。ユーザーは毎日似たようなポップアップを数え切れないほど目にして、どれが良いか決めよう

としていることを忘れないでください。メールアドレスを簡単には知らせたくない彼らが、上記のような文を読んで、そんな大切な情報を差し出す気になるでしょうか。あなた自身はどうですか？　このようなメッセージで配信登録をする気持ちが高まったことがありますか？

2、新着情報アピール型

最新情報を届けます、誰よりも早く受け取れます、仲間になりましょう、チャンスを逃さずに！　いろいろな言い方で何かを約束しようとするわけですが、どれも、基本的には何も言っていないのと同じです。

例えば

- 新着記事を逃さないで！　ここにメールアドレスを入力すれば、新着記事の到着をメールでお知らせします。
- 新製品やセールやイベントに関する情報を、誰よりも早くお手元に！
- メールマガジンの配信登録をしてください。クーポンや特別オファーを、真っ先にご案内します。

けれども、すでにあなたのサイトを訪問しているユーザーは、サイト内の情報は入手しています。ですから、メールマガジンでつねに最新情報を受け取ることにしても、その内容はほぼ見当がついてしまいます。さらに彼らは、あらゆる情報をもれなく入手したいと切望するほどではないはずです。つまり彼らは、サイト内の主要な情報は一通り入手しており、最新情報が欲しいとしても、ある程度の内容は予想できていて、足りない部分はほんのわずかなのです。

ユーザーは、先ほどの凡庸型の解説でも述べたとおり、似たようなお誘いメッセージをひっきりなしに目にしています。この種のメッセージは、事実上あらゆるサイトに表示されるからです。そしてその結果、特定のメールマガジンを定期購読することにどれだけのメリットがあるか、疑わしく思うようになっています。

けれども彼らは、メールマガジンで何が提供され、それが彼らにどんな利益をもたらすかを十分に理解できるほど、時間と労力が余っているわけでも、あなたの企業活動の全体像を把握しているわけでもありません。あなたが彼らに伝える必要があるのは、情報の新しさではなく、メールマガジンが何を彼らにもたらすかです。

3、説得型

メールマガジンの配信登録への呼び掛けは、他のあらゆるセールス活動とまったく同じです。ユーザーにメールアドレスを教えてほしいなら、それに見合う理由を提示しなければなりません。配信登録が、彼らにとって望ましいことであり、多少なりとも新しい変化が起きて彼らの生活が豊かになるとわかれば、彼らは納得できるでしょう。誰にでも書けるような、一般的で漠然とした理由では通用しません。あなたのメールマガジンが受信トレイに届くことによって、彼らが何を手に入れられるかをきちんと伝えてください。ユーザーが、メールアドレスを教えたくない気持ち以上に、得られる価値が大きいと思えることが大事です。

あらかじめボイス＆トーンをきちんとデザインしておけば、あなたのプロダクトやサービスからユーザーが何を得ようとしているかはわかるはずです。それに基づいて、あなたなりのメッセージを書きましょう。

TIP 10

すみません、どこかでお会いしましたか？

ユーザーが初めてあなたのサイトを訪問したときに、すぐにポップアップでメールマガジン購読案内メッセージを表示してしまうと、どこからともなく見知らぬ人物が不意に現れて距離を縮めようとしているような印象を与えかねません。初めて会う相手なのですから、この段階では、ユーザーは配信登録をする理由がありません。彼らはあなたのことをまだ知らず、当然信頼感も育っていません。

メールマガジンの配信登録を勧めるのは、あなたが提供できるものを、彼らがもう少し理解できてからにしましょう。たとえば、サイトを訪問してから1分後とか、任意の記事を半分まで読み進めた時点とか、別の記事にアクセスしたときとか、フッターまでスクロールしたタイミングなどです。何らかの提案を持ち掛ける場合は、ユーザーがあなたのサイトの概要をざっと理解できるまで待つことが大切です。

メールマガジンの配信登録を促す方法

1、タイトルを変更する

メールマガジンの配信登録とか**メーリングリストに参加**というタイトルは、あまり効果的ではありません。なぜならこれらは、私たちが**差し出せる**ことではなく、私たちが彼らに**頼むこと**（配信登録）だからです。言い換えればこれらは、ユーザーが受け取るはずのベネフィットではなく、彼らがこれからやらなければならない操作です。ですから、この種のタイトルは変更しましょう。メールマガジンが提供する価値を伝え、それが彼らの生活をどう向上させるかを前もって明らかにするのが、良いタイトルです。

たとえば、人付き合いをテーマとするメールマガジンなら、"メールマガジンの配信登録"ではなく、こう書きます。

> 人付き合いを成功させるまでの道のりは険しい、と教わりましたか？
> それを、心躍る冒険にしてしまいましょう！

2、配信登録をしたら何が得られるかを伝える

タイトルを通してコンテンツの面白さを理解してもらえたら、そのときこそ、ユーザーに配信登録を勧めるべきタイミングです。ここでは、今後彼らが何を得られるかを伝えましょう。最新情報、耳寄り情報、特別オファーなどの言葉では不十分です。あなたのブランドならではの、より具体的で実際的な価値を伝えてください。あなたがまさにユーザーの手元に送り届けようと計画しているのは何ですか？ 当然、ユーザーがもっとも興味を抱きそうな物事を選ばなければなりません。ここは、あなたのブランドのメールマガジンを売り込む場ですから、マーケティングのライティングスキルを惜しみなく発揮してください。

ユーザーがすぐに理解し、こんな風に言ってもらえるベネフィットを提示しましょう：

はい、これこそ私が手に入れたい情報です。喜んで受け取ります。

前ページで例示した、人間関係をテーマとするメールマガジンのタイトルに、続きを書き足してみましょう：

> **人付き合いを成功させるまでの道のりは険しい、と教わりましたか？**
> **それを、心躍る冒険にしてしまいましょう！**
>
> 今すぐ配信登録をすれば、毎週こんな情報がお手元に：
> - メールマガジン限定コンテンツ、人間関係を回復させるためのヒント
> - 一流カップルカウンセラーの独占インタビュー
> - ロマンチックなおすすめスポット、ほか

3、障壁を取り除く

ユーザーがメーリングリストへの参加を踏みとどまる一番の理由は、スパムメールです。そしてユーザーにとってスパムメールとは、配信の申し込みをしていないメールだけではありません。配信登録をしたメール（つまりあなたからのメール）であっても、数が多すぎれば、やはりスパムメールです。この2つの問題に対応するために：

a．あなたのメールマガジンの配信頻度は高くないこと、そして配信頻度を明示できることをユーザーに約束します。
b．メールアドレス情報は確実に守られ、ユーザーの個人情報は厳重に取り扱われることを約束します。

最後に、ボタン、成功メッセージ、エラーメッセージの仕上げを忘れずに。

メールマガジンの配信登録画面のライティングは、あらゆる他のデジタル画面のライティングと同じです。ボタンには、ユーザーのモチベーションを高め、クリックを促すような言葉を入れましょう（第11章参照）。また、印象的な成功メッセージでユーザーの気持ちを引き付けることも大切です。そうすれば、初めてのメールマガジンの配信に期待を寄せてもらえます（第8章参照）。さらに、ユーザーが入力ミスをしたときのために、エラーメッセージにも少し工夫を凝らすと、完成度が高まります。（第7章参照）。

無料コンテンツ！　今すぐダウンロード！

無料コンテンツでも、ダウンロードや配信を勧めるメッセージの書き方は、メール
マガジンの配信登録の場合とまったく同じです。

1、　独自の価値が伝わるような魅力的なタイトルを付ける
2、　そのコンテンツがユーザーに提供するベネフィットを明らかにする―このコン
　　テンツを読めば、彼らの暮らしがどれだけ輝きを増すか
3、　ユーザーの個人情報を保護し、メールアドレスを外部に流出させないことを約
　　束する

ユーザーが読んでくれるかどうか心配ですか？
大丈夫です

そのコンテンツからユーザーが何を得られるかをきちんと伝えることが、読む気を起こさせる秘
訣です。**コンテントバーブ**（ContentVerve）のマイケル・アーガルドは、自身のサイトで実験
し、そこで気付いたことを "How to Write High-Converting Sign-Up Form Copy（コンバー
ジョン率の高い登録フォームのコピーの書き方）" という記事で公開しています。

以前の登録フォームのコピーは定型文でした：

> **コンテントバーブからの最新情報をゲット**

改良版はこうです：

> **最新情報をゲット**
> ・ケーススタディ&テスト結果
> ・ハウツー動画&記事
> ・業界のオピニオンリーダーをゲストに迎えるポッドキャスト

アーガルドが手を加えたのは、ごく短い箇条書きリストの部分だけです。けれどもこれなら、彼
のメールマガジンを読むと何が得られるかがわかります（おそらく彼は、顧客がもっとも興味を
持ちそうな項目を厳選しています）。効果抜群です。

その効果は？　登録率が83.75%も増加しました。

事業や商品に関する情報だけを扱うなら

メールマガジンを販売チャネルのひとつという位置づけに限定し、割引や特別オファーに関する最新情報だけを扱うなら、何よりもまず、それ自体の内容を読み物として充実させ、付加価値を盛り込むことに取り組みましょう。たとえば特定分野の専門家からの提案（"スタイリストの助言で、オフィスのスターに変身"）、興味のあるテーマに沿ってまとめたリスト（"おすすめレストラン、先月のベスト5"）、各種インタビュー、サクセスストーリーなどを掲載するのは一案です。任意のテーマを深く掘り下げてみてもよいかもしれません。

メールマガジンの内容自体に手を加える時間や予算が足りない場合は、少なくとも登録フォームにある程度特色を持たせましょう。そのブランドを印象づけるような、独自の工夫を加えてください。たとえば：

- "割引価格で購入できます"と書いて終わらせるのではなく、"|ブランド名|の華麗な夏の新作コレクションを割引価格で"とします。

- "特典を提供します"ではなく、"圧倒的人気を誇るホテルの最高の部屋を、特別価格でご利用ください"とします。

- ただの"最新情報"ではなく、"サイトに情報がアップされるよりも前に、最新の求人情報が受け取れます"とします。

ウォルマート（Walmart）の実践例を見てみましょう：

会員登録で上手に節約
ウォルマートが配信するお得な情報をゲットしましょう。ブラックフライデーのオンライン広告は、ご用意でき次第お知らせします。写真プリントの無料サービスなど、お得な情報が盛りだくさん。
メールアドレス　登録　プライバシーポリシー

Sign up for Savings.
Get Walmart values delivered to your inbox.
We'll notify you when the Black Friday online circular launches, send you offers for free photo prints, plus much more.
Email address　Sign Up　Privacy policy

www.walmart.com

Examples

グッドUI（GoodUI）は、インターフェイスを数パターン用意して、どれがもっとも効果的かをテストするサイトです。彼らのメールマガジン配信登録フォームには、メールマガジンという言葉さえ登場しません。代わりに書かれるのは、ユーザーのベネフィットです。ユーザーは、テスト結果を入手できるのです。つまり、調査はこちらで進めます、あなたは結果を手に入れるだけです、という耳寄りな提案です。ボタンにも、このベネフィットを伝える言葉が入っています（第11章参照）。最後の一行は、いつでも退会できることを保証するとともに、メールの配信頻度を特定してスパムへの不安を取り除く内容です。

私たちのテスト結果から学んでください
私たちがA/Bテストを実施し、どちらが有効か
を突き止めます。
あなたのフルネーム
あなたのメールアドレス
はい、新しいデザインパターンとテスト結果を
知らせてください　　いいえ、結構です
いつでも退会できます。お送りするメールは週
に2通まで。新しいUIデザインパターンとテス
ト結果をお知らせします。

www.goodui.org

バーキング・アップ・ザ・ウロング・ツリー（Barking up the Wrong Tree）は、メールマガジンの配信登録フォームの中で、メールマガジンの魅力を伝えます：

- ソーシャルプルーフ（掲載実績＋購読者数32万人超）
- 購読者が得る価値（輝かしい人生）
- 正確な配信頻度（週に一度）
- スパムは一切なし、との約束

32万人を超える購読者の仲間になりましょう！
ニューヨーク・タイムズ、ウォール・ストリート・ジャー
ナル、ワイアード誌、タイム誌で紹介されたバーキング・
アップ・ザ・ウロング・ツリーは、科学的な専門知識に
基づく洞察を提供し、人生を輝かせる方法を探ります。
ここでしか読めないコンテンツを盛り込んだ最新版
を、週に一度、無料でお届けします。スパムの心配は
一切なし。

Join over 320,000 subscribers!

Featured in the New York Times, the Wall Street Journal, Wired
Magazine and Time Magazine, BARKING UP THE WRONG TREE
provides science based insights on how to be awesome at life.

Get a free weekly update with exclusive content. No spam, ever.

www.bakadesuyo.com

YFSマガジンも、配信登録画面でその価値をわかりやすく伝えます：彼らの貴重なアドバイスは優れたブランド構築に役立つ、という価値です。さらに、メールマガジンの配信頻度（週1回）が明示され、ボタン下のコピーで、スパムなし、と約束されます。

www.yfsmagazine.com

ザ・ノース・フェイス（The North Face）は、ごく短い言葉だけを使います。それは、心からスポーツを愛する人々に響く言葉です。

www.thenorthface.com

最後に、メールマガジン配信登録へのお誘いで私が一番だと思う作例を紹介しましょう。アメリカで活躍するライフコーチ、**マリー・フォレオ**のメッセージです（現在はすでに新バージョンに更新されていますが、これが未だに私のお気に入りです）。

> あなたは、あなたが愛する仕事と人生にふさわしい存在です。私たちがお手伝いします。
>
> **受賞実績のある動画を毎週メールボックスにお届けします：**
>
> ・志を高く持ち、夢を追い、実現させましょう
> ・気力を充実させて、より高い収入と、より高い目標に向かって進みましょう
> ・最高にハッピーで、最高に賢く、最高に自分を愛せる人になりましょう

You deserve a business & life you love. We can help.

GET OUR AWARD-WINNING VIDEOS DELIVERED WEEKLY TO YOUR INBOX:

• Be inspired to go after your dreams and get em'
• Learn how to fuel higher profits & your higher purpose
• Become your happiest, wisest & most loving self

www.marieforleo.com (a previous version)

このメッセージの何がそんなに素晴らしいのでしょうか？

1、 **タイトルで、極めて魅力的な価値を余すところなく提示**—心から愛せる仕事と人生を手にできるよう私たちがお手伝いします、と伝えます。

2、 **配信登録という行動ではなく、その先にある価値に言及**—ここに書かれているのは、ユーザーが求めている言葉と価値です。フォレオは、どうすればそこに到達できるかを長々と説明するのではなく、最終的な目標に焦点を定めます。つまり、あなたの夢をかなえること、あなたの収入を増やすこと、よりハッピーに、より賢く暮らすこと、そして、自分自身をもっと愛することです。フォレオという人物や、彼女のビジネスの内容にはほとんど触れず、ひたすらユーザーを中心に言葉を紡いでいることに注目してください。

3、 **メールの配信頻度を明記**—毎週。

4、 **ソーシャルプルーフを記載**—受賞実績。

5、 **ここに書かれたあらゆる言葉に、フォレオの人柄が感じられる**—彼女はカリスマ的存在でありながら、同じ仲間としてあなたに語り掛けます。簡単には手に入らない目標を設定しつつ、今のあなたへの思いやりと共感を忘れません。実際的でありながら人間味にあふれ、どこまでも優しく繊細です。

フォレオの現行のメルマガ登録のCTAを見てみましょう。彼女はまずソーシャルプルーフを活用し、続いてユーザーに、配信登録をすれば会員限定の心躍るコミュニティに参加できることを伝えます。

www.marieforleo.com

ところであなたは、ここで紹介した6つの事例のうち5つが、メールマガジンという言葉を使っていないことに気付きましたか？ それでも、メッセージの内容は十分に伝わります。メールマガジンという言葉を使わないのは、この言葉が出てくると及び腰になるユーザーがいるからです。ですからあなたも、この言葉は避けた方がよいかもしれません。ただしその場合は、別の言い方で確実に内容を伝えてください。

欄外であっても例外ではありません

フッターやサイドバーなどの欄外に常設するコンパクト版のメッセージも、単に"メールマガジンの配信登録"と書くだけでは不足です。スペースは限られていますが、選び抜いた言葉で、配信登録の利点と配信頻度を伝えるよう努めましょう。

作例

www.sugru.com

魔法の接着剤と呼ばれる、成形可能な接着剤を製造する**スグル**のサイト。このメッセージはフッターに表示されます。オーサム（awsome＝いい感じ）と書かれたオーサムなイラスト付きです。

第 6 章

お問い合わせ

本章の内容　・お問い合わせページはなぜそれほど重要か？

　　　　　　　・ブランドのことを知りたい顧客のためのお問い合わせページ

　　　　　　　・サポートのためのお問い合わせページ

どのようなご用件ですか?

デジタルプロダクトは、組織や企業のバーチャル版です。ですからお問い合わせページは顧客サービスのひとつであり、ユーザーがその組織や企業のことをよく知ろうとしているとき、または何らかの援助が必要なときに頼る場所です。前者は見込み顧客、後者はサポートまたは返答を必要とする既存顧客ですが、どちらに対してもお問い合わせページは、他のページ以上にユーザーを温かく迎え入れる、サービス志向のページでなければいけません。

ですから、まるで誰かからの指示で仕方なく用意したようなお問い合わせフォームを見ると、私はいつも驚いてしまいます。そのようなフォームは、体裁は整っていても、本当にユーザーからの問い合わせを待っているのかどうか、まるでわかりません。ユーザーに力を貸したいという気持ちが確かにあるのでしょうか? 何かを書き込めば、担当者に間違いなく読んでもらえるのでしょうか? たとえばこうです:

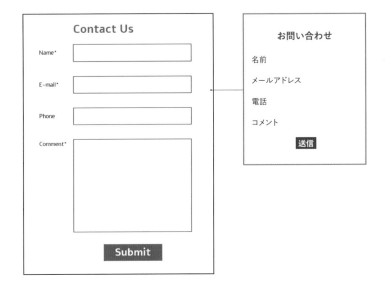

これでは、相手の声や息づかいがまるで聞こえません。顧客サービス担当者が笑顔をたたえて"何かお困りですか?"と出迎えてくれたのではなく、ただ目の前に無表情に突っ立っているだけのような印象です。ちょっと取っつきにくいですね?

とはいえ、"お客様の声をお待ちしております。どんな質問にもお答えします"とか、"私たちはお客様のご意見を大切にします"、"弊社は顧客満足に惜しみなく投資しております"、"大切なお客さまへ、お問い合わせの詳しい内容を空欄に書き込んでください、翌営

業日中にご返答いたします"などの言い方も、工夫がなく、誠意を感じるには至らず、何を書き込んでも自動的に返されてくる定型文にしか見えません。また、"今後も引き続きサービス向上に努めてまいります。どんな質問も歓迎いたします"という表現も、数多くのバリエーションを含め、避けてほしいところです。私がユーザーなら、サービス向上という言葉を聞くよりも、今すぐ問題を解決してほしいと望みます。そして、できることなら、私個人に宛ててメッセージを伝えてほしいと思うはずです。それならきっと、すごく心強いでしょう。

ですから、真に良質なお問い合わせページを作るためには、まず次のことを自問しましょう。あなたのサイトを訪問したユーザーは、どのような状況でお問い合わせフォームを利用する必要に迫られたのでしょうか。そして、問い合わせをすることで何を達成したいのでしょうか。そのうえで、それぞれの状況に応じたメッセージを、個別に作成します。

1、見込み顧客のためのお問い合わせページ

一般企業やサービスプロバイダ（たとえばセラピスト、各種スタジオ、代理店など）の公式サイトは、ユーザーのための窓口でもあります。実際のところ公式サイトは、ユーザーからの意見や問い合わせを受け取り、それをきっかけに両者がつながり合っていくことを目的に開設されるものです。ですからこれらのサイトでは、ミーティングのスケジュール設定、サービスの申し込み、価格の確認、作業プロセスに関する意見や質問など、さまざまな案件が扱われます。コンテンツページで多様な情報を受け取り、興味や望みを抱いたユーザーは、ときとしてそれらの興味や望みを行動に移すことになります。そのようにしてユーザーがフォームへの記入、メール送信、通話などの行動を起こすのが、お問い合わせページです。

ユーザーがここまで来てくれたことで安心し、アクセルを緩めてはいけません。むしろここでは、実際に問い合わせをするのが一番だ、この選択こそが大正解だという印象を、さらに強めなければなりません。

サイトの会員登録やメールマガジンの配信登録のページと同様、ここでも、**お問い合わせ**というありきたりなタイトルを、価値を伝えるタイトルに変更する作業からスタートです。続いて、あなたにコンタクトを取ることがユーザーにどんなベネフィットをもたらすかを伝えます。ボイス＆トーンのスタイルガイドが手元にあるなら、それを見れば、ユーザーがあなたとの関係性を通して何を達成したいかはわかるはずです。スタイルガイドを作成していない場合は、これを機に、ここを訪問するユーザーが何を求めているかを明らかにしましょう。

Examples

UXエージェンシー、**ネットクラフト**（Netcraft）は、お問い合わせページをセールス活動のページと捉え、ユーザーや見込み顧客に対して、お問い合わせという行動を勧める理由を5つ提示します。理由1と理由2はユーザーに信頼感を与え、3は価値を約束する内容です。そして4と5に盛り込まれているのは、このブランドにとって欠かせない、ユーザーを楽しませる精神です。素敵ですね！

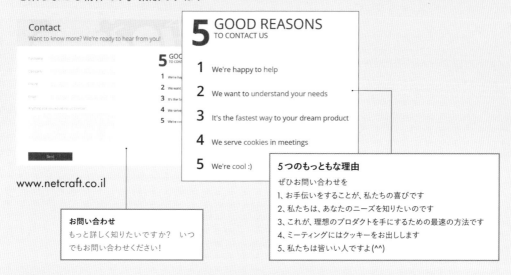

www.netcraft.co.il

お問い合わせ
もっと詳しく知りたいですか？　いつでもお問い合わせください！

5つのもっともな理由
ぜひお問い合わせを
1、お手伝いをすることが、私たちの喜びです
2、私たちは、あなたのニーズを知りたいのです
3、これが、理想のプロダクトを手にするための最速の方法です
4、ミーティングにはクッキーをお出しします
5、私たちは皆いい人ですよ(^^)

動画制作請負会社**エピフェオ**（Epipheo）のお問い合わせページでは、練り上げられたコピーを読むことができます。本書で私は、どんなコピーを書くときも、あくまで顧客サービス担当者という意識を保ち続けてほしいと繰り返していますが、それがここにはきちんと具現されています。誠意や頼もしさが感じられるし、同社の特色が存分に表現されているし、何より重要なこととして、同社がユーザーのビジネス目標の達成に貢献できるということが確実に印象付けられます。ユーザーは、問い合わせをする直前にこの文章を読むことで、問い合わせという行動の必然性を、選び抜かれた言葉で再確認できます。ただし私見では、これだけ文章が長いとユーザーが読む気をなくし離脱してしまうかもしれないので、短く2〜3行にとどめておくのが賢明かもしれません。

Get A Free Consultation

When we say consultation, we mean it. We're not going to just sell you a video. Of course, if you want one, we're turbo-good at it. But we'll also be the first to tell you if we're not the right fit for you. Let's talk about what you need to accomplish and how video could help you get it done. Fill out this form, and we'll get in touch with you. Or, you can call 888-687-7620.

epipheo.com（a previous version）

無料相談をご利用ください
文字通り、これは相談です。私たちは、単に動画が売れればそれでよい、と考えているわけではないからです。もちろん、本当に動画を手に入れたいなら、私たちは全力で制作します。けれども、私たちの事業があなたの望みをかなえるに相応しくない場合は、誰よりも先にそのことをあなたに伝えます。あなたが何を達成しなければならないか、そしてそのために動画がどれだけ役立つかを話し合いましょう。フォームに情報を入力してください。折り返しこちらから連絡します。または、888-687-7620までお電話を。

2、顧客サポートのためのお問い合わせページ

提供するサービスや製品が、特に問い合わせをしなくても利用できるものである場合、お問い合わせページの役割は主に、顧客サポートと、各種の質問、疑問への対応となります。

良質のサービスをブランド価値のひとつと考えるなら、顧客がサポートや回答を求めているときこそ、サービス志向の姿勢を最大限に発揮するチャンスです。あなたが彼らのためにそこにいて、力になれれば嬉しいと考えていることを彼らに伝え、彼らの信頼に誠実に応えましょう。それが、この種のお問い合わせページのあるべき姿です。では、どうすればそれができるでしょうか?

1、どんな問い合わせにも、喜んで、誠意を尽くして応じる姿勢を伝えます
あらゆる物事がうまく進んでいるときだけでなく、むしろユーザーが助けを必要としている局面でこそ、サービスの質は問われます。いい加減な言葉を並べてはいけません。それでは通用しません。

2、厳密な言い方をします
"あらゆる質問や提案"というような決まりきった表現ではなく、あなたの製品やサービスに直結する表現をしましょう。何に関する質問ですか?　どんな分野の提案ですか?

3、意外に思えるかもしれませんが、お問い合わせフォームにも取り除いておくべき障壁があります
ユーザーは、自分のリクエストが無数のリクエストのうちの一つにすぎず、読まれないかもしれないという不安を抱いています。あるいは、回答が届く頃には、問い合わせたことを忘れてしまうかもしれません。サポートに関する問い合わせはすべて読むと約束し、回答に要する時間を伝えましょう。

TIP 13　ジョークは脇に

お問い合わせページで質問やサポート依頼をする顧客は、不満や怒りを抱いているかもしれないし、途方に暮れているかもしれません。文章にジョークを盛り込む場合は、不満を抱くユーザーの身になって読み返し、怒りが増したり、皮肉に受け取れる部分がないか確かめます。お問い合わせページでは、安全策を選ぶのが賢明です。

Examples

イケアはまず、問い合わせをする理由をいくつか例示し、続いて、そのような問題はすぐに簡単に解決され、あなたは新しいソファに戻ってゆったり寛ぐことができる、と伝えます。そのソファこそ、あなたがイケアを訪問したきっかけです。

Customer Support Center

Whether you're looking for answers, would like to solve a problem, or just want to let us know how we did, you'll find many ways to contact us right here. We'll help you resolve your issues quickly and easily, getting you back to more important things, like relaxing on your new sofa.

www.ikea.com

顧客サポートセンター

回答を求めている方も、問題を解決しようとしている方も、意見を伝えたい方も、ここで何なりとお問い合わせください。私たちがお手伝いして、問題をすぐに、簡単に解決します。そうしたらあなたは、もっと大切な、本来の用事に戻り、新しいソファに座って寛いでください。

ライフコーチの第一人者、**マリー・フォレオ**は、彼女の人柄やブランド特性にぴったり合ったボイス＆トーンで、心を込めて、質問や意見を寄せてほしいと呼び掛けます。それに続くメッセージは、さらに重要です。仮想環境を利用するユーザーは、自分の問い合わせがどこに送られ、誰に読まれるか、回答は受け取れるか、受け取れるとしたらどのくらい待てばよいか、ということがわからないと不安ですが、そのことを理解している彼女は、すべての問い合わせが確実に読まれること、そして48営業時間以内には回答できる見込みであることを伝えます。

Got a question, comment or gushing love note to send our way?

We're thrilled. The best way to get in touch is to write info@marieforleo.com. We read every message and do our best to respond within 48 business hours. Generally, we work Mon – Fri, 9am – 5pm Eastern US Time.

When it comes to customer care, we're obsessive. So if you don't hear back from us, that means we didn't get your note so please do send it again.

www.marieforleo.com

質問も、コメントも、あふれるような愛のメッセージも、何でも聞かせてくれますか？

胸を弾ませて待っています。info@marieforleo.com にメールを送っていただけると嬉しいです。すべてのメッセージを読み、48営業時間内に返答するよう努めます。営業時間は原則として、東アメリカ時間の月曜から金曜、9時から5時までです。
顧客対応に、私たちは特に熱心に取り組んでいます。ですから回答が届かない場合は、私たちがあなたのメッセージを受け取っていないということですので、お手数ですがもう一度送信してください。

おしゃれなパーティー用品を扱う**オー・ハッピー・デイ**（Oh Happy Day）のお問い合わせページには、くすっと笑える一言があります（ただしこうした試みは、軽率な感じにならないよう注意してください、TIP 13参照）。また、遅くとも2営業日中には返信するとの約束も記されます。

SEND US A NOTE

Have a question? Need to return something? Want to tell us a funny story about your cat? Contact us at shop@ohhappyday.com We'll return your email within two business days! (usually sooner!)

お便り待っています

質問がありますか？　回答が必要ですか？　あなたのネコの楽しいエピソードを、どうしても話したいですか？　shop@ohhappyday.comにメールをお送りください。2営業日以内にお返事します！（大抵は早めです！）

www.ohhappyday.com

けれども、"質問がありますか？"とか"回答が必要ですか？"などの文章は、もう少し具体的に書いた方がよさそうです。文章の内容を、サイトで取り扱っている商品と関連付けてみましょう。たとえば：

- 当店のカラーコンフェッティ（色とりどりの紙ふぶき）について、何かご質問ですか？
- バルーンとナプキンの色が合わずにお困りですか？　返品をご希望でしょうか？
- まだ当店で取り扱っていない素敵なパーティー用品があれば、教えてくれますか？

いくつかの顧客グループが存在し、グループごとに言葉を変えたい場合は、別々にリンクを用意すれば、それぞれのグループに最適な送信フォームへと誘導することができます。下図は**ジェットブルー**（JetBlue）です。

お問い合わせホーム　メールを送る
何でもお手伝いします。いずれかのボタンを使い、メールを送ってください。ジェットブルーの担当者が、最速でお返事します。

質問　質問はございますか？　メールでお知らせください。すぐにお返事します。
提案　あなたのために、何ができるでしょうか？　意見や提案があれば、お聞かせください。
心配事　ジェットブルーでのエクスペリエンスに何か問題があったときは、どうぞお知らせください。
お褒めの言葉　何か褒めていただけることがあるなら、お伝えください。ぜひ！

www.jetblue.com

NPRは、情報番組を主軸に据えるアメリカの公共ラジオ局であり、マルチメディア化を推進しています。彼らのお問い合わせページもジェットブルーと同じ仕組みで、いずれかのボタンをクリックすると、それぞれの目的に合う送信フォームが表示されます。

www.npr.org

お問い合わせの内容：
NPRの番組またはブログへのお問い合わせ　　NPR事務局へのお問い合わせ
トークや音楽を探す　　　　　　　　　　　　技術的サポートの依頼
トークや音楽を聴く　　　　　　　　　　　　サンデーパズルの答え
訂正データの送信　　　　　　　　　　　　　オンブズマンへの問い合わせ

FAQやオンラインヘルプは、担当者からの返答を待つ必要がなく、多くのユーザーが歓迎するサービスです。ただ、担当者が直接応対せずに済ませようとしているかのような印象を与えてしまう可能性もあります。それを避けるためには、オンラインヘルプに誘導する前に、ユーザーからの問い合わせは大歓迎であることと、FAQはもっとも迅速にユーザーの問題解決を助ける方法であることを強調するとよいでしょう。

インビジョン（InVision）は、製品の設計、再調査、テスト用のツールを提供する会社です。彼らはまず、つねにそこに待機してユーザーを歓迎することを約束したうえで、技術的な問題についてはヘルプセンターに問い合わせてみるよう提案します。どのようなケースでも、このメッセージのすぐ下にはお問い合わせフォームがあるので、そちらを選択するのも簡単です。

Get In Touch

We're here for you, and we're wearing our thinking caps. But first swing by our fantastic Help Center for all your InVision product and technical needs!

Name...

連絡をください

私たちはいつもここにいます。そして、何か問題があれば解決策を考えます。けれども、お手持ちのインビジョン製品のあらゆる技術的な問題に関してはまず、私たちの優秀なヘルプセンターにお問い合わせください！

名前

www.invisionapp.com

タイプフォームは、自社製品であるタイプフォームを、お問い合わせページに利用しています。ユーザーが困っていることをフォームで伝えると、彼らはまずヘルプセンターを紹介しますが、彼らのサポートチームがつねに対応可能であることも明言します。

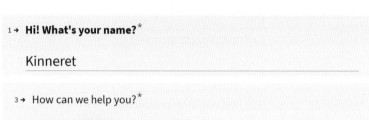

3 → How can we help you?*

Our Help Center is the perfect place to start. There's lots of great information, tutorials, and ready-to-use templates.

→ https://www.typeform.com/help/welcome/

If you can't find what you're looking for, click **"Contact Support"** at the bottom of any article. Our Support team will be happy to help 😬

Got it   press ENTER

www.typeform.com

---

1 → ハイ！　お名前は？
　　キネレット

3 → ご用件は何でしょう？
　　A 担当者の対応を希望　　B 新機能の提案

タイプフォームのヘルプセンターは、あらゆる問題に対応できるお問い合わせ窓口です。
多種多様な情報、チュートリアル、すぐに使えるテンプレートを用意しております。

お探しの情報が見つからないときは、すべての記事の一番下に表示される**"サポート依頼"**
ボタンをクリックしてください。サポートチームが喜んでお手伝いします。
了解　　enterキーを押してください

TIP 14 問い合わせを、内容または緊急度に応じて分類する

お問い合わせフォームに、内容または緊急度に応じた分類項目を表示するのは良い方法です。ただしその場合は、あなたの頭の中にある専門用語を、ユーザーの言葉に置き換えてください。つまり、あなたの視点からではなく、ユーザーの視点から、それがどのような問い合わせかを特定するのです。

たとえば：

- 注文済み商品　　　→マイオーダー
- 請求書関係　　　　→支払いに関する質問
- システムエラー　　→サイト内で発生した問題
- 一般　　　　　　　→その他の問い合わせ

下図は、ウェブサイトのデザインとコンテンツ作りを受託する**メン・ウィズ・ペンズ**（Men with Pens）の例です。

私たちのウェブサイトのコピーまたはコンテンツを書いてください。
私たちの公式ウェブサイトをデザインしてください。
プロジェクトについて相談したいので、電話連絡のスケジュールを組ませてください。
あなたのブログへのゲスト投稿を希望しております。
挨拶、お礼、お褒めの言葉を伝えたいです。
ちょっとした間違い / 問題を見つけたのでお知らせします。
やや複雑な内容です。メッセージを書いて詳しく説明します。

I'd like you to write my website copy or content.
I'd like you to design my business website.
I'd like to schedule a call to discuss my project with you.
I'd like to submit a guest post for your blog.
I'd like to say nice things, like hi, thanks and great work!
I found a small typo/glitch and thought you should know.
It's complicated. I'll explain more in my message.

www.menwithpens.ca

バッファ（buffer）は、ソーシャルメディアの活用範囲を広げるツールを提供するサイトです。このお問い合わせフォームには、緊急レベルを指定する欄が設けられています。なかなか良い出来です。

緊急レベルを選んでください
緊急レベルを選んでください
ご留意ください
当面は自分で対処できますが、どうか不具合を解消してください
行き詰まりました - 何をやってもうまくいきません
頭を抱えて苦しんでいます
緊急です、危機的状況です

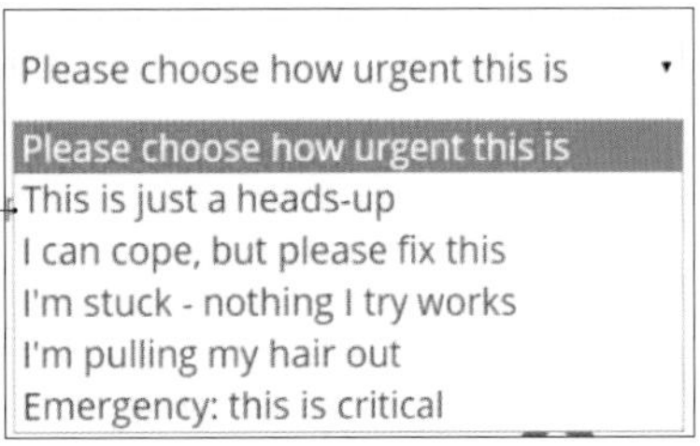

Please choose how urgent this is ▾
Please choose how urgent this is
This is just a heads-up
I can cope, but please fix this
I'm stuck - nothing I try works
I'm pulling my hair out
Emergency: this is critical

www.buffer.com

第7章

エラーメッセージ

本章の内容
- ・エラーメッセージの３つの役割
- ・二段構えの理想的なエラーメッセージ
- ・エラーメッセージのボイス＆トーン
- ・あらゆるサイトに必要なエラーメッセージ

当惑しているユーザーのための応急手当て

エラーメッセージは、私たちが書くテキストの中で唯一、できればユーザーに読んでほしくない部分です。言うまでもなく、エラーは発生させないのが一番だからです。エラーを防ぎイライラを回避する方法については、第17章で解説しますので、そちらをお読みください。それでもユーザーがエラーメッセージを見る羽目になることは多いので、あなたは慎重に言葉を選び、ユーザーを確実に救い出さなければなりません。

エラーメッセージが表示されると、ユーザーの操作は一時的に中断されます。このメッセージだけは、ユーザーが前に進むことを阻むのです。彼らはまず、どこに問題が生じ、どう対処しなければならないかを理解しなければなりませんが、エラーメッセージを見るだけでやる気を削がれ、もう嫌だと思ってしまう恐れもあります。特に、メッセージがわかりづらかったり、ユーザーを追い詰めて嫌な気持ちにさせるような言い方であったりすると、彼らは操作を投げ出してしまうかもしれません。

ですから、エラーメッセージは以下の3つの役割を果たさなければなりません。

1、 問題が発生した事実と、その問題の性質を、簡潔にわかりやすく説明する。
2、 解決策を提示し、ユーザーがすぐに元に戻って操作を完了できるようにする。
3、 操作の遅れを、できるだけ好ましい経験に変える。

エラーメッセージでは通常、解決するべき技術的問題を扱わなければならないので、文面を**わかりやすく、実際的**にすることが大切です。専門的になりすぎないよう注意し、できるだけシンプルにまとめましょう。ここは遊び心が似合う場面ではないと心得ておくことも必要です。ユーザーは操作が滞っている状況に耐えているので、それを軽視してはいけません。けれどもそれは、冷静さを保たなければならないという意味ではありません。むしろ、エラーによって不快な思いをさせているからこそ、ごまかしのない人間的な言葉でメッセージを紡ぎ、操作の遅れが引き起こす不快感をできる限り和らげることが大切です。もしもユーザーが目の前にいて、この問題に直面したら、優秀な顧客サービス担当者ならこんな言葉を掛けるだろう、というような言い方を目指しましょう。

二段構えの理想的なエラーメッセージ

1、 問題の性質を伝え、何がエラーとなっているかをできるだけ正確に説明します。

2、 その問題を解決して操作を続行する方法について、建設的なアドバイスを提供します。
その時点で問題解決そのものが不可能である場合は、どのようなサポートを、誰が提供できるかを伝えます。

例外：会員登録フォームやログインに関する一般的なエラーメッセージ（たとえばパスワードが不適当であるとか、ユーザー名がすでに存在するなど）では、場合によっては、この2つ（問題の性質**または**その解決策）のうちいずれかの説明を省くことができます。ユーザーはこの種のエラーをしょっちゅう経験しており、問題の性質も解決方法もよく知っているからです。

TIP 15   適切なエラーメッセージを書くために確認しておくべき4つの事柄

1、 エラーが発生したとき、ユーザーは何をしようとしたか？

2、 システムはなぜエラーという反応を示したか？

3、 ユーザーが何をすれば操作を続行し完了できるか？

4、 解決策がない場合、別の選択肢をユーザーに提供できるか（サポートセンターに問い合わせるなど）？

汎用性が高いと、有用性は低い

予算や開発日程の都合で、何通りかのシナリオに対して単一のエラーメッセージで間に合わせなければならない場合は、より汎用的な言い方をするしかありません。そこでは、どのような不具合があるのかを明確にすることができず（いくつかの問題を同時に扱っているため）、解決策を示すこともできません（解決するべき問題を特定できないため）。システムがエラーの原因を正確に見極められない場合も、同じ問題に直面することになります。この局面を打開できる魔法の杖はありません。エラーメッセージは、個別の状況に適切に対応する内容でなければ、有用なものにはなりません。

汎用性の高いメッセージしか用意できない場合は、少なくともできるだけフレンドリーな言い方をしましょう。

本書の第2章を思い出してください。ここでは、会話体を使い、堅苦しい表現を避けるライティングについて解説しました。これをぜひ実践していただきたい重要な局面のひとつが、エラーメッセージです。まるで警告のようなメッセージだと、ユーザーが最後まで読まずに閉じてしまうかもしれませんが、会話体ライティングなら、ユーザーにとって有用で読みやすいメッセージにすることができます。

1、堅苦しい言い方や高圧的な言い方、もしくは指示を与えるような言い方は避けましょう。要するに、法律家が何かを申し渡しているような言い方をしないことです。

悪い例：

- 空欄を埋めてください
- これは必須項目です
- 手続きを進められません、以下の欄が正しく入力されていません
- 携帯電話番号を入力することが必要です
- お客様、この操作は禁止されています

2、エラー、または失敗という言葉を使わずに書きましょう。

悪い例：

- エラー！　正しい情報を入力してください
- 入力内容にエラーがあります
- 操作は失敗です。もう一度入力し直してください

3、技術的な用語や専門性の高い用語を避けましょう。たとえばバリデーション、ベリフィケーション、法的、証明、サポートされていないアクション、システム、許可などの言葉や、エラーのシリアル番号などです。

悪い例：

- 致命的なエラー：31c71014hで未処理のc0001du例外が発生しました
- メディアIDのバリデーションに失敗しました
- XMLデータの取得に問題が発生しました：未定義
- 無効なログイン認証情報
- 不正なメールアドレス
- バリデーションエラー
- エラー5647GV

エラーメッセージに、威圧感を与えるような言葉を使うのは止めましょう。ユーザーを責めることなく、サービス志向に徹し、楽しい会話のような言い方で、シンプルに問題を説明してください。そのうえで、解決策を提示します。

何がいけないかを伝えるのではなく、どうすればよいかを伝えるのがポイントです。

こうではなく：電話番号が無効です
こう言う：電話番号は10桁で入力してください

こうではなく：この便は予約できません
こう言う：ダブリンへの直行便は8月のみ利用できます

TIP 16 エラーメッセージにユーモアはあり？　なし？

エラーメッセージにどの程度のユーモアが使えるかは、ブランドのボイス＆トーン次第です。軽やかで自由な雰囲気のブランドなら、ユーザーを笑顔にするようなメッセージを書いてもかまわないでしょう。けれどもエラーメッセージは、何よりもまずわかりやすく実用的でなければならないことと、必ず解決策を提示しなければならないことを忘れないでください。あまり趣向を凝らしすぎると、ユーザーがすぐには理解できないかもしれないし、問題を小さく見せたがっていると思われる恐れもあります。ですからユーモアは少量にとどめ、ユーザーが理解しづらいような表現は避けましょう。

下図は、**アワ・ホーム**（OurHome）のファミリー向けタスク管理アプリのエラーメッセージです。あなたが122歳を超える年齢ならギネスに連絡を、とのことで、かなりふざけているし、長い文章だし、実用性を最優先とするメッセージではありませんが、それでもユーザーを笑顔にする効果はあります。少なくとも私には効果ありでした！

> 🎂 130
>
> ⚠ **Wow, you're really old!** The oldest person in recorded history is Jeanne Calment from France, who lived to 122. If you're really that old, please contact Guinness World Records.

わぁ、あなたはずいぶん高齢ですね！　史上最高齢記録を持つフランスのジャンヌ・カルマンは、122歳まで生きました。もしあなたが本当にこの年齢なら、ぜひギネス世界記録に申請してください。

OurHome app

Examples

以下の2つのエラーメッセージは、事実上は同じ内容です：

> Reservations longer than 30 nights are not possible.

> · Why don't you just move there? 30 days is the max.

30日以上の予約はできません。
そろそろ移動しませんか？　30日が最長です。

ひとつ目の例は否定的な印象（何ができないか）ですが、2つ目の例（**ヒップマンクのメッセージ**）なら肯定的（何日が最長か）で、茶目っ気があります。ユーザーエクスペリエンスはだいぶ違ってきます。

ただしこうした遊び心は、ブランドボイスに合っているなら有効ですが、**つねに必要というわけではありません。**伝統を重んじるタイプのブランドでは、何ができないかではなく何ができるかを伝え、否定的なエクスペリエンスを提供しなければ、それでよいでしょう。つまり：予約は最長30日まで可能です。

ユーザー名またはパスワードが間違っています：というエラーメッセージにも、より好ましく、ユーザーにとって役立つ言い方がたくさんあります。紹介しましょう。

ピンタレスト（Pinterest）の表現：

> Oops, that email's taken or your password's incorrect. **Reset it?**

おや？　正しいメールアドレスが行方をくらましましたね、またはパスワードが違います。リセットしますか？

www.pinterest.com

メールチンプ（Mailchimp）の表現：

> Sorry, we couldn't find an account with that username. Can we help you recover your <u>username</u>?

すみません、そのユーザー名のアカウントが見つけられません。あなたの<u>ユーザー名</u>の復元をご希望ですか？

www.mailchimp.com

テスコ（Tesco）の表現：

> Unfortunately we do not recognise those details. Please try again

残念ながら、これらの詳細情報を認識することができません。もう一度お試しください。

www.tesco.com

下図は、登録済みのメールアドレスに対する**ビメオ**（Vimeo）のエラーメッセージです：

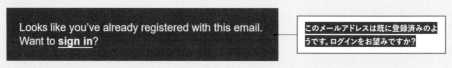

Hey, we recognize this email! Want to log in?

> やあ、このメールアドレスはもう
> 知っているよ！ ログインしたい？

www.vimeo.com

続いて**BBC**：

Looks like you've already registered with this email.
Want to **sign in**?

> このメールアドレスは既に登録済みのよ
> うです。ログインをお望みですか？

www.bbc.com

下図の**グーグル**のエラーメッセージは、ごく限られた状況でしか表示されない内容である
にも関わらず、この状況だけに通用するユーモアがちゃんと発揮されています。

Choose your username

rgf...kjh　　　　　　　　　　@gmail.com

A fan of punctuation! Alas, usernames can't
have consecutive periods.

> ユーザー名を
> お選びください。
> rgf...kjh
> 句読点がお好きなんですね！
> でも残念です。ユーザー名に三
> 点リーダー（ピリオド3連続）は
> 使えません。

www.google.com

次は**フェイスブック**です。同一ブラウザで2つのアカウントを開くと、とても人間味のあ
るエラーメッセージが表示され、その下に2通りの解決策が示されます。

Sorry, we got confused

Please try refreshing the page or closing and re-opening your browser window.

www.facebook.com

> **すみません、混乱しています。**
> ページを再読み込みするか、またはブラウザウインドウ
> をいったん閉じて開き直してください。

エイソスのメッセージは、人間らしくて印象的です。ひとつひとつの入力欄に、独特な言葉が並びます。

Oops! You need to type your
email here

We need your first name – it's
nicer that way

Hey, we need a password here

Last name, too, please!

www.asos.com

> おっと！　ここにはあなたのメールアドレスを入力しないとね
>
> さあ、ここはパスワード

> ここはファーストネーム、ぜひともそれで
> ラストネームもどうぞ！

フィットビット（Fitbit）です。たとえば通信障害のように、ユーザーには解決できない種類のトラブルでは、彼らの力が及ばない問題であることを伝えなければなりませんが、そうなるとユーザーは一層、気分を害したり落胆したりします。そんなときフィットビットは、言葉とチャーミングなグラフィックで、上手に状況を伝えます。ユーザーにお詫びを述べ、どのような問題かを説明したうえで、解決を待つ時間の過ごし方について、いくつかのアイデアを提案するのです。これなら、ユーザーが味わったはずの不快感は、多少なりとも軽減されます。グラフィックとマイクロコピーが互いを補い合いながらメッセージを伝える、優れた事例です。

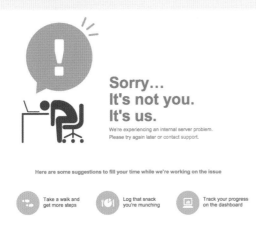

Sorry...
It's not you.
It's us.

We're experiencing an internal server problem.
Please try again later or contact support.

Here are some suggestions to fill your time while we're working on the issue

Take a walk and get more steps

Log that snack you're munching

Track your progress on the dashboard

> すみません…
> あなたのせいではありません。
> 私たちのせいです。
>
> 内部サーバーに問題が生じました。
> 時間をおいて再度実行するか、またはサポートセンターにお問い合わせください。
>
> 問題解決を待つ間の暇つぶしのアイデアを、いくつか提案させてください。
>
> 散歩して歩数をかせぐ（「歩数をかせぐ」＝「昇進する」の意もある）
> お気に入りのスナックでもぐもぐタイム
> 画面で進行状況を追跡

www.fitbit.com

ピックモンキーです。これは厳密にはエラーメッセージではありませんが、ブラウザが旧バージョンであるためページが正しく表示されないという、厄介な状況を伝えるメッセージです。サイトの作り手にとってもユーザーにとっても、これは実に困った問題ですが、写真編集サイト、ピックモンキーなら、レモンをレモネードに変身させることだってお手の物ですから、そのようなブランドの持ち味を生かして、厄介な状況も笑顔でやり過ごせるよう工夫します。ユーザーが新しいブラウザをインストールしなければならない点に変わりはありませんが、少なくとも気持ち良く実行してもらえるでしょう。

Love your vintage browser!

Unfotunately it's a little too vintage. PicMonkey no longer supports version 5 of Safari.

Visit Browser Happy to upgrade your browser, or try out Google Chrome.

[Okay]

ヴィンテージのブラウザをご愛用ですね！

でも残念ながら、ちょっと歴史がありすぎるようです。ピックモンキーは、Safari のバージョン 5 のサポートをすでに終了しています。

ブラウザハッピーまたは Google Chrome にアクセスし、ブラウザをアップデートしてください。

オーケー

www.picmonkey.com

TIP 17 — 技術者にライティングを任せるのは止めましょう

エラーメッセージのライティングは、基本的な内容のものも特殊なものもすべて、マイクロコピーのライターが担当してください。または、少なくともライターが最終チェックだけはするべきです。ソフトウェアの開発がスタートする前に、できるだけ多様なエラーに対して、丁寧に言葉を選んだエラーメッセージを書き、開発者に渡しておきましょう（次ページに、エラーメッセージの用意が必要な、もっとも一般的なエラーのリストを掲載しました）。そうすれば、彼らはその言葉をそのままページに配置するだけでよく、簡単です。とはいえ、開発が進めば、エラーメッセージが必要な状況が新しく見つかるはずです。その場合、メッセージのライティングを開発担当者に任せるのは止めましょう。ライティングは彼らの仕事ではありません。中にはライティングがうまい人もいるかもしれませんが、そうでない人もいます。エラーメッセージを新しく用意しなければならない場合は、エラーの状況を説明する資料を添えて、マイクロコピーのライターに仕事を回すべきだということを、開発担当者に承知しておいてもらいましょう。メッセージを書くのは、ライターです。

（ほぼ）すべてのデジタルプロダクトで、エラーメッセージの用意が必要なエラーのリスト

会員登録に関するエラー

1、 ユーザー名またはメールアドレスがすでに登録されている（できれば、登録済みユーザーのログインページへのリンクを提供する）

2、 メールアドレスに間違いがある（通常、アットマークや拡張子の入力ミスについてはシステムがチェックし、問題がある場合はユーザーに伝える）

3、 電話番号またはIDが既定の文字列と違う（既定の文字列をユーザーに伝える）

4、 パスワードが既定のルールと違う（このメッセージでは、必須条件を詳しく説明しなければならない。必須条件が厳しく設定されている場合は、あらかじめ入力欄の隣に条件を明示しておくとよい。そうすればエラーの発生を事前に回避できる）

5、 パスワードと、確認用の再入力パスワードが一致しない

6、 必須項目の中に未入力の欄がある（すべての入力欄に対して同一のメッセージで間に合わせるのではなく、個々の入力欄ごとに、内容に応じたメッセージをそれぞれ用意することが望ましい）

7、 利用規約への同意がない

登録済みユーザーのログインに関するエラー

1、 そのユーザー名またはメールアドレスが存在しない（会員登録フォームへのリンクを提供するとよい）

2、 パスワードが違う

3、 ユーザー名とパスワードが一致しない。セキュリティ上の理由から、状況次第では、どちらの項目に問題があるかをユーザーには伝えない方がよいかもしれない。その場合は、両者が一致しないという言い方、またはどちらか一方（いずれかを特定はしない）に間違いがあるという言い方をしなければならない

4、 ユーザー名またはパスワードのいずれかが未入力

お問い合わせ（および、ユーザーがメールアドレスを入力するすべての箇所、たとえばメールマガジン配信登録画面など）に関するエラー

1、 メールアドレスに間違いがある

2、 電話番号が既定の文字列と一致しない

3、 必須項目が未入力

パスワードの復元に関するエラー

1、 そのユーザー名またはメールアドレスが存在しない（会員登録フォームへのリンクを提供するとよい。または、別のユーザー名またはメールアドレスを使って会員登録を行った可能性があるかどうかをユーザーに尋ねる）

2、 メールアドレスに間違いがある

第 **7** 章 ── エラーメッセージ

第 8 章

成功メッセージ

終わり良ければ全てよし

クリフォード・ナス教授の興味深い研究結果については、本書のPart 1ですでに紹介しました。彼によれば、デジタルインターフェイスを利用する人々は、それが実際はコンピュータとのやり取りであることを承知しながらも、相手が社会規範に則った好ましい対応をすることを期待します。つまり、ユーザーの行動に反応して、誉めるべきときは誉め、間違ったときは助け舟を出すなどの対応です。

ひとつの行動が完了したときに表示される成功メッセージは、ユーザーが受け取りたいと待ち望む、もっとも重要な反応のひとつです。

成功メッセージで締めくくられるべき行動を、いくつか紹介しましょう：

- 会員登録またはサイト / イベント / サービスなどへの参加申込み
- 製品 / サービス / サブスクリプションの購入または注文
- メールマガジンの配信登録
- 退会
- 無料ガイドのダウンロード
- お問い合わせフォームの送信
- ファイル / プログラム / プラグインのダウンロード / アップロード
- データ / ファイルの読み込み / 書き出し
- メールアドレスの妥当性チェック
- 無料トライアルのオプトイン
- パスワードの復元

などです。

成功メッセージはなぜそれほど重要か？　成功メッセージの3つの目的：

1、　**確信を提供する。**ひとつの行動が間違いなく完了し、すべてが順調であることをユーザーに伝えます。
2、　**指示を与える。**次の任意または必須の操作をユーザーに伝えます。
3、　**気持ちを通わせる。**成功メッセージは一連の作業を締めくくる最後の一言であり、うまく伝わればユーザーは達成感や爽快感を味わって、晴れ晴れとした気持ちになれます。成功メッセージによって、ユーザーの行動により豊かな意味が付与されれば、ユーザーはあなたのブランドに好ましい印象を抱き、このサイトでのエクスペリエンスに満足することができます。

これらの目的を、つねにすべて満たす必要はありません。場合によっては、簡単なチェックマークをほんの数秒ほど画面に表示し、すぐに消すような合図だけでも十分です。メール送信や文書の保存など、たびたび実行される簡単な操作なら、ごく短い実用本位の成功メッセージでよいでしょう。けれども、ユーザーにとって重要な行動に対しては、重要度に応じた丁寧な成功メッセージを用意してください。

どんな書き方をすればよいか？　悪い例を挙げましょう：

- 取引は正常に完了しました
- 登録が完了しました
- ご注文を確かに受け付けました
- あなたのメールアドレスを確認しました

"Xは正しく完了しました"という決まり文句は、確信を提供するというひとつ目の目的を達成するにすぎず、事務的で無表情で、親しみが感じられません。ですから、このような言い方は避けるか、またはこの言葉だけでメッセージを終わらせるのではなく、少なくとも残り2つの目的のどちらかを達成する言葉を添えてください。

使い古しの定型文を使うのではなく、以下のポイントを少なくとも1つか2つ、できればすべて押さえて、言葉を選んでみましょう。

1、ユーザーがやり終えた行動について語るのではなく、
ユーザー自身のストーリーを語る、またはユーザーに向けて語りかける。

一連の操作そのものではなく、その操作をやり遂げた人を主役にしましょう。たとえば出会い系サイト**Ok キューピッド**は、プロフィールに写真をアップロードしたユーザーに対して、"写真は正しくアップロードされました"というメッセージは使いません。アップロードされたそれぞれの写真に対して個別にメッセージを表示するのが、彼らのやり方です。どのメッセージも面白く、ユーザーの気持ちを盛り立てます。

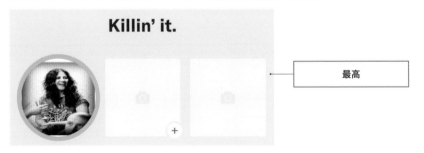

www.okcupid.com

Love it.	**That's a good one.**
Yes yes yes yes yes.	**They're going to love you.**

大好き	これいいね
イエスイエスイエスイエスイエス	みんなあなたに恋しちゃう

2、ユーザーがやろうとした操作が実際に完了したことを、わかりやすく示す。

"Xは正しく完了しました"という定型文を使う必要はありません。できるだけわかりやすい表現をしながらも、少し工夫を加えるといいでしょう。先ほどのOkキューピッドは、アップロードされた写真を実際に画面に表示して、メッセージを添えました。

下図の事例は、出版業界で躍進中の**ジ・アウトライン**（The Outline）がメールマガジン配信登録を完了したユーザーに提示する、とても短い成功メッセージです。TTYSとは、talk to you soon（またあとで）の頭字語であり、ここでは2つの役割を果たしています。手続きが完了したことを確認する役割と、これから語られる話題に対して期待を膨らませてもらう役割です。ただし、メッセージをグローバルに配信したい場合は、頭字語を使うことは避けましょう。意味を理解できない人が、グーグルで検索しなければならなくなります。

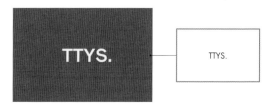

www.theoutline.com

3、ユーザーの行動がもたらすはずの、より深い意味に言及する。

ユーザーが自らの行動を通してどのような価値を受け取るかを、簡潔に伝えましょう。その行動にはどんな効果があり、それはどれだけ重要でしょうか。

たとえばメールマガジンの配信登録をしたユーザーには、現行のメールマガジンを即座に受信ボックスに届けるので、待たずにすぐ読めると伝えます。

レジャー用品を購入したユーザーには、ワクワク気分を共有し、そのアイテムを気に入ってもらえる言葉を届けます。

お問い合わせページで連絡してきたユーザーには、あなたが必ず彼らの信頼に応えるつもりで、すでに対応を進めていることを伝えます。

いろいろやってみましょう。

好例をひとつ紹介します。**ワードプレス**（WordPress）のインストール後に表示される成功メッセージです。

Success!

WordPress has been installed. Were you expecting more steps? Sorry to disappoint.

---

www.wordpress.com

> 成功！
>
> ワードプレスはインストールされました。やるべき作業がもう少しあると思っていましたか？　期待外れですみません。

ユーモアのある言い方です。そして同時に、シンプルで直感的なプラットフォームという製品コンセプトがここでも実現されているとわかるメッセージです。彼らのプロダクトを手に入れるという選択は大正解であり、どうやらあなたの人生は今までよりはるかに楽になりそうです。

4、次のステップを伝え、行動を促す。たとえば：

- まず、現在どのような処理がどう進行中かを伝えます（彼らからのメールへの回答に要する時間、購入品の配送予定日、サブスクリプションサービスの開始日、登録を完了するために再起動が必要である場合はそのお知らせ、など）。
- ユーザーにメールを送信した場合は、受信トレイを確認するよう促します（アドレスを確認するためのメールや、注文内容を確認するためのメールなど）。
- 次にユーザーに実行してほしい行動を伝えます（ユーザーがプロダクトの利用を開始するためのページへのリンク、アプリのダウンロード画面へのリンク、ソーシャルメディアで情報を共有またはフォローする方法の紹介など）。
- それ以上の操作がない場合は、サイト内の商品紹介ページやブログなど、本来の重要な、またはユーザーの興味の対象であるコンテンツに戻ってもらいます。

参考資料として、タリア・ウルフの投稿記事、"Use these 7 hacks on your thank you pages to boost retention"（ユーザーの定着率を高めるサンクスページ作りの7つのコツ）をお勧めします。グーグルでお探しください。

下図は、**マリー・フォレオ**のサイトでメールマガジンの配信登録をすると表示される成功
メッセージです。彼女は前述のポイントをすべて実践しています：

1、　**ユーザーに語りかける：**行動について語るのではなく、ユーザー自身と、マリー・フォ
　　レオとの関係性について語ります。

2、　**確信を提供する：**配信登録が確実に完了したことを伝えます。ただし、専門用語は使
　　いません。

3、　**行動に豊かな意味を付与する：**ユーザーを会員として迎え、彼女との人間らしい結び
　　付きができたことを伝えます。

4、　**受信トレイを確認するよう伝える：**心のこもった言葉で、次の行動に進み、1通目の
　　メールマガジンを読んでほしいと伝えます。

5、　**エレガントに次の行動を促す：**ソーシャルメディアでも彼女をフォローするよう誘い
　　掛けます。

YOU'RE THE BEST!

Thanks so much for becoming an MF Insider. I'm truly honored to stay
connected. A welcome email is on its way from me to your inbox, now. Be sure to
read it -- it's got important info.

With love and appreciation,

xo Marie

P.S. For occasional (and awesome) social updates, here's where to find me.

誰よりも素敵なあなたへ！

MFの会員になってくれてどうもありがとう。
お近づきになれて光栄です。ウェルカムメールをあ
なたのメールボックスに送ります。
ぜひお読みください…大切な情報をお届けします。
愛と感謝を込めて。

P.S.　不定期に（素敵なことに）ソーシャルメディア
で最新情報をお届けします。どうぞ会いに来てくだ
さい。

www.marieforleo.com

第 **8** 章　成功メッセージ

More Examples

エピフェオ（Epipheo）は、企業向けの動画制作会社です。彼らのウェブサイトの目的は、ユーザーにコンタクトをとってもらい、協力関係を築いて、強く印象に残るような新しい動画を制作することにあります。ユーザーがお問い合わせフォームを送信すると、下図のような成功メッセージで感謝の気持ちが伝えられ、専門家がパーソナルな対応をすることが約束されます。さらに、ビジネス・ディベロップメントと呼ばれる担当スタッフが写真付きで紹介されて、信頼感を高めます。個人性と専門性が見事に融合するこのメッセージを見れば、彼らにコンタクトを取ったのは正解だと思わずにいられません。彼らは最後に、次のステップを提案することも忘れず、フェイスブックのグループへの参加を呼び掛けます。

Thanks For Reaching Out!

We Are Sending Your Request Over To Our Expert Video Strategists Now.

Sonny, Johnathan or Chase will be reaching out to you to answer any additional question you might have.

SONNY SILVERTON
Business Development

JONATHAN LAPPS
Business Development

CHASE CHAMBERLIN
Business Development

Have You Joined Our Facebook Group Yet?

Tap The Button Below To Join Now.

www.epipheo.com

連絡してくれてありがとう！

あなたのリクエストを、私たちのスタッフである
動画制作のエキスパートたちに伝えました。

他に質問がある場合は、ソニー、ジョナサン、
またはチェイスがお答えします。

ソニー・シルバートン
ビジネス・ディベロップメント
ジョナサン・ラプス
ビジネス・ディベロップメント
チェイス・チェンバレン
ビジネス・ディベロップメント

**私たちのフェイスブックグループには
もう参加してくれましたか？**
下のボタンをタップすれば、今すぐ参加できます。

Thanks for helping out

Your feedback will make this feature better

ウィックス（Wix）のサイトでは、いずれかの新機能に対してフィードバックを提供すると、その行動が大切な意味を持つことが告げられます：つまり、機能の改善に役立つのです。感謝の気持ちを表すイラストがコピーに添えられて、心尽くしのメッセージが完成しています。
www.wix.com

手伝ってくれてありがとう
あなたのフィードバックは機能の改善に役立ちます

ラウンズ（Rounds）のアプリをインストールすると、この成功メッセージが表示されます。いちいちユーザーに誉め言葉をかけるのはわざとらしいと考える人もいるでしょうが、クリフォード・ナス教授の研究によれば、誉め言葉というものは、自分だけに向けられたものではなく誰彼かまわず発せられたものでも、やはり気分が良く、ユーザーはそのインターフェイスを好ましく思うものだそうです。人間の気持ちというのは不思議ですが、それならどんどんユーザーを誉めましょう。難しく考えないで。

よくできました！

さあ、友達を増やしましょう…
次のステップです！

Rounds app

エンバトの成功メッセージは、セキュリティチェックが完了すると表示されます。短いけれども意外性があって楽しげな言葉の次に、ひとつの協力関係が成立したことを伝える言葉が続きます。ユーザーが安全性の高いアカウントを作成することは、**彼らの**ベネフィットになるのです。

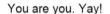

あなたはあなた、イェイ！

アカウントの安全性をキープし、
私たちに協力してくれて、どうもありがとう。

続ける

www.envato.com

第9章

エンプティステート

ここには表示する情報がありません、移動しますか？

言葉には、ひとつの経験をより豊かに彩り、その輪郭を際立たせる力がありますが、それだけではありません。経験するべき物事が何もないように見えるときに、ひとつの経験を丸ごと創造する力さえ、言葉は持っています。エンプティステートのマイクロコピーは、その代表例です。

まず、エンプティステートという言葉の定義から始めましょう。これは、表示するべき情報が何もない状態のことです。この画面は、ユーザーがデジタルプロダクトやその中の任意の機能を初めて利用するときによく表示されますが、ある種の機能を利用した結果として表示されることもあります。たとえば、検索結果が何も得られなかったときなどです。

エンプティステートの画面を空っぽのままにしておくと、ユーザーには、そこに何も**存在しない**という事実だけが伝わります。けれどもそれでは、ユーザーに対してどんな可能性が**存在する**かを伝えることはできません。つまり、ここには何があればよかったか、ユーザーはここで何を得られたはずか、状況を動かすためにユーザーにできることは何か、などです。まだ使われていない機能があるなら、そのベネフィットを伝え、使ってみるよう勧めるチャンスです。カートが空っぽなら、購入を勧めるチャンスです。検索結果が何もないなら、ユーザーを手ぶらで帰さないよう配慮して、他の選択肢を提示するのが有効です。この画面は、良質なサービスを提供する役割や、ユーザーに次の行動を指し示し、本来の目的に立ち返ってもらう役割を果たすことができるのです。

1、各種の機能を利用し始める前のエンプティステート

ディナ・チェイフェッツが記した"Why empty states deserve more design time（なぜエンプティステートはたっぷり時間をかけてデザインするに値するか）"（インビジョンのブログ）によれば、あらゆるアプリのうち77％は、ダウンロードから3日以内に削除されます。もちろん、すべてがエンプティステートのせいではありませんが、あなたのウェブサイト、アプリ、またはサービスがユーザーにどのような第一印象を与えるかを考えるとき、エンプティステートがたいへん重要な役割を担っていることは確かです。

ユーザーが登録を済ませ（またはアプリをダウンロードし）、あなたのサイトを閲覧し始めたとします。表示される画面を見ると：

・買い物かご（またはショッピングカート、ショッピングバッグ）に商品が何も入っていない
・欲しい物リスト（ウィッシュリスト）が空っぽ
・行動履歴が見つからない
・お気に入りに何も登録されていない
・メッセージが存在しない
・ネットワーク上に友達がいない

そんな状態です。

多くのエンプティステート画面は、まったくの空白ページに短いメッセージが入っているだけで、ほぼ空っぽです。

There's no activity yet :(

まだ何も実行されていません(-_-)

なんてもったいない！　こんなにも閑散として、何の働き掛けもない画面を見たら、ユーザーはどう思うでしょうか。このプロダクトには大した機能がなく、彼らの生活に目覚ましい変化がもたらされることはないと感じるのではないでしょうか。

ユーザーが、まだ利用したことのないページや機能に初めてアクセスするときは、それらのポテンシャルを彼らに伝え、利用を促すチャンスです。

ここには何もない、と告げるのではなく、ここはどんな画面になり得るか、または彼らがここでできることは何かを伝えましょう。このプロダクトにはどんな機能があり、それが彼らにとってどう役立つかを明らかにするのです。

必要であれば、操作手順を書き添えます。目的の機能の使い方を正しく説明するか（できれば図解すると理想的）、適切なリンクを提供してください。

Examples　各種の機能を利用し始める前のエンプティステートの事例

フェイスブックで自分のプロフィールページを初めて開いたときのフィードがどんな風だったか、覚えていますか？　それが、まだ何も利用していない状態のエンプティステートです。フェイスブックはユーザーを歓迎して、最初の行動を起こすよう勧めます。つまり、このプラットフォームの基本である、友達の追加です。次へと書かれたボタンを押すと、友達候補が表示されます。このボタンに、友達を追加、知り合いかも、誰がいるか見てみようなどの言葉を入れてもよさそうな気もしますが、次へという言葉の方が、意味を限定しない分、よりユーザーを動かしやすいのでしょう。おそらく、テストの結果選ばれた言葉なのだと思います。

Welcome to Facebook
Get started by adding friends. You'll see their videos, photos and posts here.

Next

フェイスブックへようこそ
まずは友達を追加しましょう。友達になった人の動画、写真、投稿などが見られるようになります。

次へ

www.facebook.com

出会い系サイト、**Ok キューピッド**では、受信トレイのページが特に重要です。彼らは、ここが空のままのユーザーに、行動を起こし、サイト内を探し回ってみるよう呼び掛けます。可愛いイラストでユーザーの現状をうまく表現しているのは素敵なアイデアであり、ユーザーエクスペリエンスを向上させています。ただ、私ならここに、パートナー候補を一覧する画面へのショートカットボタンを追加したいところです。

There's nobody here yet!
Get out there and find someone you'd like to talk to.

まだここには誰もいません！
さっそく出かけて、話し相手を見つけましょう。

www.okcupid.com

タンブラーは、通知なし、という言い方をせず、再訪してチェックするよう勧めます。今足りないもののことではなく、これから得られるもののことを伝えるのです。

⚡

Check out this tab when you make a post to
see Likes, Reblogs, and new followers.

投稿を終えたらこのタブを
チェックしましょう。
いいね、リブログ、
新規フォロワーなどが確認できます。

www.tumblr.com

アマゾンフォトは、まだアルバムを作成していないユーザーに、アルバムなしと伝えるだけで終わらせず、アルバムがどれだけユーザーの役に立つかを伝え（写真を整理し共有できる）、ボタンを配置し、行動喚起のメッセージをそこに入れます。ですからユーザーは、順調に歩を進め、アルバム作成に取り掛かることができます。

You don't have any albums yet

Create albums to organize and share your photos.

Create new album

まだアルバムは作成していません
アルバムを作って、写真を整理し共有しましょう。
新しいアルバムを作る

www.amazon.com

タスク管理ツール、**トゥードゥーイスト**（Todoist）は、入力したあらゆるタスクを、すべて指定日に表示してくれます。本日のタスクをまだ記入していないユーザーには、やることリストがあれば一日の課題がひと目でわかるという利点が説明されます。イラストはその価値を象徴するような絵柄であり、ボタンの言葉は実用本位で単刀直入です。

Get a clear view of the day ahead
All your tasks that are due today will show up here.

Add a task

今日がどんな一日か、隅々まで見渡しましょう
本日のタスクはすべて、ここに表示されます
タスクを追加する

www.todoist.com

マンデードットコム（Monday.com）のエンプティステートは力作です。彼らはここで新規ユーザーに、各種の機能と、それらを最大限に活用する方法を手際よく伝えてしまいます。たとえば、タグはまだありませんと書くだけではなく、タグを簡単に一覧し管理できることを伝えます。ゴミ箱は空ですだけではなく、削除された項目は30日間保管されると伝えます。アーカイブは空ですだけではなく、ここで一時的にフォルダをアーカイブできることを伝えます。通知を送受信しましょうという欄でも、アットマークを使って個人別に通知を送受信できることを追記します。メッセージを彩るイラストも魅力的。お見事です。

Your archives are empty
Boards you don't use go here
until you need them again

Ready, set, let's get notified!
Here's where you'll get notified in real-time every time
someone @mentions you or replies to one of your updates.

Invite team members

Your bin is empty.
When you delete something we'll keep it here for 30 days,
just in case you change your mind

No tags yet
This is where you can easily find and manage
all of the tags your team is using.

www.monday.com

アーカイブは空です
使わない管理ボードは、
必要が生じるまでここに保存されます。

準備し、設定し、通知を送受信！
通知は、その都度リアルタイムで送受信でき、
アットマークを使って個人別に管理できます。
チームメンバーを招待する

ゴミ箱は空です
削除された情報は、私たちが30日間保管します。
気持ちが変わるかもしれませんから。

タグはまだありません
あなたのチームが使用しているすべてのタグを、
ここで簡単に一覧し、管理できます。

写真加工アプリ、**キャンバ（Canva）** では、ユーザーが加工した写真が表示されるスペースに、きっと素敵な写真ができるはずとのメッセージが表示されます。また、作業を始めるときは検索バーを使うという助言も書き添えられています。

Your first design is going to be amazing.

Everything you design will appear here. To get started, create a design using the search bar above.

www.canva.com

> きっと素敵なデザインが
> 完成します。
> あなたが加工した画像はすべて、ここ
> に表示されます。作業を始めるときは、
> 上の検索バーを使ってください。

2、カートと注文履歴のエンプティステート

ユーザーが空のカート（買い物かご、ショッピングバッグ）を目にするときの状況はさまざまです。たとえば、何らかのアイテムを間違ってカートに入れたかもしれないと思い、カートに移動して中身を確かめることもあるでしょう。あるいは、目的のアイテムをカートに入れたかどうかわからなくなり、チェックしにいくこともあるでしょう。カートに入れたアイテムを削除した結果、カートが空になった場合もあるでしょう。

空のカートはスペースの無駄遣いですが、多くの場合、表示されるのは以下のような画面です。

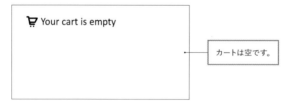

🛒 Your cart is empty

カートは空です。

この空っぽのスペースを有効活用するためには、どうすればよいでしょうか？　もちろん、ユーザーの購買意欲を刺激するために使うのです。

1、　**カートが空であることをわかりやすく伝えましょう。** カートには何も入っていないことを明記します。

2、　**商品への興味を湧き上がらせるような、説得力のあるセールスコピーを用意しましょう。** ユーザーを楽しませ、身を乗り出させ、興味津々にさせるような、効果的な言葉を駆使してください。本書のPart1で述べた通り、多くのユーザーはハッピーな気持ちやワクワク感をきっかけに、行動を起こします。言葉とグラフィックを組み合わせて使うと、さらに効果的です。

3、 **ユーザーがショップ内で特に興味を示しそうなアイテムを紹介しましょう。**たとえば特別オファー、人気商品、新作などです。

4、 **ソーシャルプルーフも有効です。**また、他のショップや商品に関する興味深い統計値を紹介する方法もあります。そうしたお膳立てをしてから、ショップ内の特定の売り場にユーザーを誘導してみてください。

ある有名なチョコレートショップのサイトを紹介します。画面に表示されるのは"ショッピングバッグは空です"という文字だけで、それ以外は空欄です。ここを空っぽにしておかず、セールスコピーを入れれば、もっと興味を持たせて店内に導き、購入意欲をかき立てることができそうです。たとえば：

または：

下図は、美容健康グッズを取り扱う、とあるオンラインショップです。ここでは、ショッピングバッグの中身が空だというメッセージさえ表示されないので、このページに移動すると、空っぽの空間の白さが眩しいくらいです。ここには、どんな言葉が入れられるでしょうか？　たとえば：

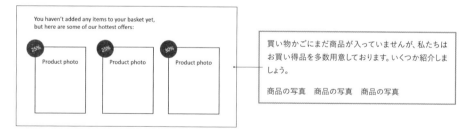

もちろん、お勧め品の写真を表示する場合は、ユーザーが買い物かごに商品を入れたかのように見えては困るので、気をつけてください。私たちが目指すのは、ユーザーの購買意欲を高めることであり、ユーザーを混乱させることではありません。

ここにソーシャルプルーフを組み合わせると、こんな書き方ができます：

今週の売上ナンバー1のアイテム
または：**今、他のお客様がもっとも注目しているアイテム**

そして、それぞれのタイトルの下に商品の写真を掲載し、購入ページへのリンクを提供します。

注文履歴のページは、多くのサイトに設けられています。ユーザーはそこで、過去に購入した商品のリストを見ることができ、場合によってはいずれかの商品を再購入することもできます。ユーザーが商品を購入したことがない場合、このページはもちろんエンプティステートになりますが、そのときに"注文履歴はありません"と書くだけでは、せっかくのチャンスを逃してしまいます。空のカートのページと同じで、以下のような効果的なメッセージを書けば、ユーザーのエクスペリエンスも購買意欲も、飛躍的に高まります。

You haven't ordered a delivery yet,
but our seasonal fruits will have you drooling

See what we found today in the market

まだご注文がありません
でも、私たちがお届けする
季節のフルーツは絶品ですよ
本日の採れたてフルーツを見る

Examples <u>空のカートの事例</u>

ベル・アンド・スー（Belle and Sue）は、イスラエルのファッション店です。ユーザーの買い物かごが空だと、彼らはまずその事実をわかりやすく、笑顔で伝えます。続いて、商品を購入するよう呼び掛け、2つのリンクを提供します。ひとつはホームページに移動するリンク、もうひとつは注目のアイテムに移動するリンクです。商品のタイトルも、ショッピング気分を盛り上げます。

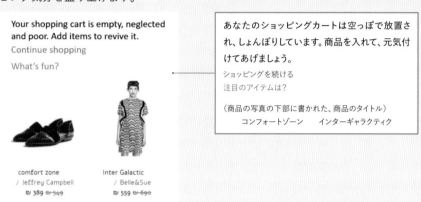

Your shopping cart is empty, neglected and poor. Add items to revive it.

Continue shopping

What's fun?

comfort zone
/ Jeffrey Campbell
₪ 389 ~~₪ 549~~

Inter Galactic
/ Belle&Sue
₪ 559 ~~₪ 690~~

あなたのショッピングカートは空っぽで放置され、しょんぼりしています。商品を入れて、元気付けてあげましょう。

ショッピングを続ける
注目のアイテムは？

（商品の写真の下部に書かれた、商品のタイトル）
コンフォートゾーン　インターギャラクティク

www.belleandsue.co.il (Translated from Hebrew)

バステッド・ティーズ（Busted Tees）は、ショッピングカートが空だと明記したのち、ショップ内の、特にユーザーの興味を引きそうな3つのページを紹介します。

Your shopping cart is empty.

Add something awesome! Check out today's deals, new designs, or fun stuff.

カートは空です。
あなたにぴったりのアイテムを見つけましょう！　本日の特価品、新製品、お楽しみ情報は要チェックです。

www.bustedtees.com

ユーザーが特に興味を持つのは新作コレクションだと信じるのは、**アメリカン・イーグル**（American Eagle）です。

YOUR BAG IS EMPTY...
Time to check out the new collection!

| WOMEN'S NEW ARRIVALS | MEN'S NEW ARRIVALS | AERIE NEW ARRIVALS |

ショッピングバッグは空です…
新作コレクションをチェックするなら今！

レディース新着品　メンズ新着品　エアリー新着品＊
＊：エアリーは、アメリカン・イーグルの中のブランド名。

www.ae.com

豊富な品揃えと価格の安さと無料配達を約束し、ベストセラーというソーシャルプルーフを提示し、ユーザーの力になりたいと申し出るのは、**ブック・デポジトリー（Book Depository）**です。彼らの手に掛かれば、買い物かごは、ユーザーを次なる読書の冒険へといざなう場になります。

Your basket is empty.

Need some help finding a book?

We sell over 19 million titles at unbeatable prices with free delivery worldwide. Explore our bestsellers to find your next favourite book!

Browse Bestsellers

買い物かごは空です。
本を探すお手伝いをしましょうか？

1,900万冊以上のタイトルを、どこにも負けない価格で提供し、世界各地に送料無料でお届けします。ベストセラー本をチェックして、次のお気に入りを見つけましょう！

ベストセラー本を閲覧する

---

www.bookdepository.com

アートショップ、**ソサエティ6**は、2種のエンプティステートに、それぞれ違うコピーを入れています。

ひとつ目は、空のカートのアイコンにマウスオーバーすると表示されるツールチップです。

Your cart is empty...

...for now. We'll show you where to dive in.

Start Here

カートは空です…
…今のところ。でもここを見れば夢中になるはず。

ここからスタート

空のカートのページを開くとこうなります。

Your cart is empty. Want to change that?

Shop curated collections

カートは空です。でも何かほしいのでは？

ショップ厳選コレクション

---

www.society6.com

3、検索結果のエンプティステート

ユーザーが検索を実行し、該当する情報が見つからない場合も、エンプティステート画面が表示されます。ここでよく見かけるのは、こんな言葉です：“このクエリの検索結果はありません”、“入力されたバリューに該当する結果は見つかりません”。けれども、ユーザーへのメッセージでシステムの説明をしたり、クエリやバリューという用語を使うことは避けましょう。専門的な事情や用語を口にしてよいのは、仕事の現場だけです。また、ユーザーに対して、検索のやり直しを勧めるのも止めましょう。ユーザーは、同じことの繰り返しを嫌がります。さらに、当然ながら、“結果なし”や“検索結果が見つかりません”と伝えるだけで済ませるのも問題です。この画面でもやはり、ユーザーを行き止まりの場所に放り出さないことが大切です。次の行動へと導き、プロダクト内を探検し続けてもらいましょう。

1、 **状況を説明する。**ユーザーに対し、探している情報が見つからなかったことをきちんと伝えます。メッセージには、共感的な言葉や、場合によってはユーモアを取り入れても良いでしょう。

2、**下記のいずれかの対策を講じる：**

a. <u>同じ情報を探すための別の方法を提案します。</u>コンテンツに応じて、最適な方法を選んでください：
- カテゴリーを基準に検索する
- より一般的な言葉を使って検索する
- より特定的な言葉を使って検索する
- 誤字、脱字をチェックする
- 類義語を試す

b. <u>彼らが検索した条件に近い情報を提供します。</u>できるだけ共通性の高いアイテムまたはリンクを提示してください：
- 同じデザイナー、ライター、メーカーの他のアイテム（たとえばトヨタの別の車）
- 同様の仕様を持つ、他社製のアイテム（たとえば2009年に製造された他社の車）
- 同様の種類、スタイル、機能を持つ他のアイテム（たとえば他の自家用車）

c. <u>もしかして○○ではありませんか？</u> グーグルなどがやるように、よく似た検索キーワードが見つかる場合は、こう尋ねてみるのも有効です。そうすればユーザーは、検索し直さずに済むかもしれません。

3通りの対策のどれを選ぶとしても、まずはユーザーが検索を実行することでどんな目的を達成しようとしているかを正しく理解したうえで、その目的に彼らができるだけ近づけるような提案をしましょう。

Examples　検索結果のエンプティステートの事例

ザッポス（Zappos）は、検索のヒントを3つ与えて、その下に新しい検索ボックスを表示します。とても効果的な方法です。

Try a new search:

Here are a few stellar tips and tricks to help: (1) check spelling, (2) watch for spaces, (3) use less specific search terms (you can always narrow your results). Give it a whirl below!

Q Enter Your New Search Here!　　SEARCH

www.zappos.com

やり直してみましょう：

検索に役立つヒントとコツを3つ紹介します：(1) 誤字脱字をチェックする、(2) スペースを確認する、(3) 限定的な意味を持つ言葉はできるだけ使わない（そうしないと検索範囲が狭まる）。さあ、もう一度お試しください！

新しい検索ワードをここに入力！　検索

Gメールは、詳細検索ページへのリンクを設け、そこに数多くの検索オプションを用意します。

Q　No messages matched your search. Try using search options such as sender, date, size and more.

From	
To	
Subject	
Includes the words	swga
Doesn't have	
Size	greater than　　▼　　　　　MB　　▼
Date within	1 day　　▼
Search	All Mail　　　　　　　　　　▼

☐ Has attachment　　☐ Don't include chats

Create filter　　Search

www.gmail.com

あなたの検索条件に該当するメッセージは見つかりませんでした。送信者、日付、サイズなどの検索オプションを使って、再度お試しください。

送信者
宛先
件名
次の言葉を含む、検索条件
次の言葉を含まない
サイズ、以上
日付、本日から1日以内
検索範囲、すべてのメール

添付ファイル有　チャットを含まない
フィルター作成　検索

グーグルマップは、検索するエリアの変更や追加を提案します。もちろん、リンクも提供します。

No results found
Try searching for something else
or in a different area

Something missing? Add a place

結果が見つかりませんでした
条件や対象エリアを変更してみてください

エリアを追加しますか？　エリアを広げる

Google Maps app

キックスターター（Kickstarter）は、まず訂正例（○○のことですか？）を提示してリンクを添え、次に検索のヒントを与えます（検索範囲を広げる）。さらに、サイト内をただブラウズしているだけの訪問者に向けて、人気のプロジェクトをいくつか紹介します。お役立ち情報をいろいろ揃えたこのページが、すみません、結果なしです…と書かれただけのページとどれほど違うか、考えてみてください。

Oops! We couldn't find any results. Did you mean farm?
Why not change some things around or broaden your search?

Popular Projects

Tainted Grail: The Fall of Avalon
by Awaken Realms
6915% funded 9 days to go

HyperDrive: World's 1st USB-C Hub for iPad Pro 2018
by HYPER by Sanho Corporation
492% funded 27 days to go

おっと！結果が見つかりませんでした。farmのことですか？
検索の条件を変えるか、または範囲を広げてみては？

人気のプロジェクト

www.kickstarter.com

イーベイ（ebay）は、検索結果が見つからない場合、検索履歴を保存することを提案します。そうすれば、以後該当情報が発生した場合に通知を受け取ることができます。良いアイデアですね。

 Save this search

Not finding what you're looking for?　　×
Save **dfnhdf** to get e-mail alerts and updates on
your eBay Feed.

www.ebay.com

検索履歴を保存する

お探しの情報が見つかりませんか？
検索履歴を保存すると、フィードが更新されたときにお知らせメールを受け取ることができます。

第10章

プレースホルダー

本章の内容　・プレースホルダーが適する状況と、適さない状況
　　　　　　　　・6種のプレースホルダーと、それらの使い方

プレースホルダーはどんな状況に必要か、そしてより重要な問題として、どんな状況には適さないか

プレースホルダーとは、入力欄にあらかじめ配置されているテキストのことであり、通常は薄いグレーで色分けされ、ユーザーが文字入力を開始するまではそこに留まっています。ユーザーが操作を正しく進め、入力欄にカーソルを持っていくと、プレースホルダーは消えるか、または移動します。

スマートフォンが私たちの生活に欠かせないツールとなり、そこでは限られた大きさの画面をうまく活用しなければならないため、入力欄にプレースホルダーとしてフィールドラベルを配置する方法が一般化しました。たとえばこうです：

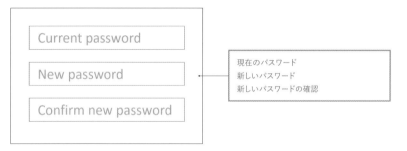

この方法は、スペースの制約が少ないデスクトップパソコンでも通例となりました。むしろ、この方法は普及しすぎたようで、空欄のままでかまわないようなところにも、余計なフィールドラベルが表示されるケースが増えています。

少し工夫して違和感を取り除いたように見えても、この程度です…

そこでまず、2つの重要な基本原則を確認しましょう：

1、ラベルとプレースホルダーを区別する

ラベルは、その欄に入力するべき情報をユーザーに伝えるためのタイトルまたは質問です。それがラベルの唯一の役割であり、その役割を確実に果たすよう使うべきです。

入力欄の中にラベルを入れてしまうと、ユーザーの短期記憶に負荷がかかります。ユーザーが文字入力を開始した途端にラベルが消え、もう戻らないので、ユーザーは記憶を辿らなければ、ここに何を入力するべきかわかりません。もっとも重要な情報が、もうそこにはないのです。メールアドレスとパスワードを入力する欄であれば、問題は大して深刻ではないでしょう。ユーザーは何をするべきか、おそらくわかります。ただしそれでも、まったく問題がないとは言い切れません。たとえば、ログイン画面に2つの入力欄が表示されたとき、私ならいつも通り、最初の入力欄に自分のメールアドレスを入力します。ところが…

ちょっと待って、最初の欄には何を入力するはずだった？　まったくわかりません。こうなると、入力したばかりのメールアドレスを消してプレースホルダーを確認するしかありません。

この問題の解決策がひとつあります。ユーザーが入力欄にカーソルを重ねたときに、プレースホルダーを単に消すのではなく、入力欄の上や隣に移動させるのです。

イーベイの例を紹介しましょう。入力欄にカーソルを重ねる前はこうです:

それからこうなります:

もうひとつ、より望ましい方法（スペースがひどく足りない場合を除いて）があります。ラベルはラベルとして独立させ、**入力欄の外側に配置し、目立つ色でずっと表示しておく**のです（アクセシビリティの面でもおすすめ！　第18章参照）。基本原則はシンプルです。すべてのユーザーにとって使いやすいのは、見間違えたり見落としたりする心配がなく、あれこれ悩まずすぐに理解できる入力フォームです。スペースに制約がある場合は、ラベルを入力欄の隣ではなく上に配置しましょう。

2、もっともな理由がない限りプレースホルダーは使わない

入力フォームは、ユーザーが初めて目にするときに、できるだけシンプルに見えるようデザインしてください。そうすれば、あまり手間がかからず簡単に入力できるという印象を与えることができます。

文字がぎっしり詰まった画面だと、そういう印象にはなりません。ユーザーは長い文章を読まなければならず、根気が要ります。また、文字が多いとユーザー側の作業も多そうです。ですから、入力フォームに限らず、ユーザーが一定の操作を自力で最後までやらなければならない画面では、共通の法則として、**できるだけ文字を少なくしましょう。**

参考文献として、ケイティー・シャーウィン（ニールセン・ノーマン・グループ）による"Placeholders in form fields are harmful"（フォームの入力欄のプレースホルダーは困りもの）を、ぜひお読みください。

あらゆる入力欄にラベルとプレースホルダーを両方配置すると、入力フォーム内に**一定量の文字を二重に表示**することになり、ごちゃごちゃして、入力作業がしづらくなります。たとえば、下図のフォームはごくシンプルな構成なのに、プレースホルダーのせいで文字が詰まって見えます。また、プレースホルダーが伝える情報はすでにラベルが伝えているので、これは無意味です。

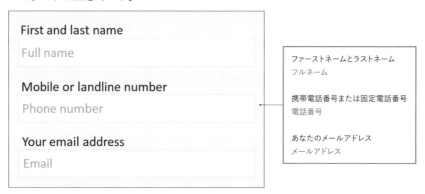

このプレースホルダーは、まったく不要なのです。これを消して、ラベルを正しく表示すれば、入力フォームは本来のすっきりしたデザインを取り戻します：

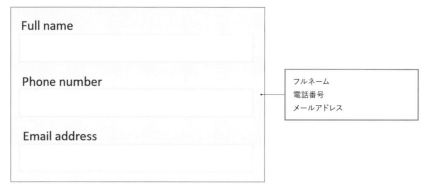

空白の入力欄はすぐに視線を捉えるし、ここに何かを入力しようという気持ちを起こさせます。ユーザーに、自身の情報を提供してほしいと望むなら、そのための受け皿を用意してあげてください。

前述のケイティー・シャーウィンの記事には、こういう記述があります："アイトラッキングの研究によれば、ユーザーの視線が真っ先に引き付けられるのは、空白の領域です。何かが書かれていると、その領域を見分けるのに、少なくとも空白の領域よりは長い時間が必要です。最悪の場合は、入力欄が完全に見落とされかねません。そうなると致命的です"。

要するに、空きスペースを埋めようという考えからプレースホルダーを配置するべきではない、ということです。プレースホルダーを使ってよいのは、相応の理由があり、それが特定の目的を達成するのに役立つ場合のみです。きちんとした目的があるなら、最適なプレースホルダーを選ぶことができます。以下のページで、さまざまなタイプのプレースホルダーと、それらの使い方の実例を見ていきましょう。

TIP 18

あれ、文字数はいくつだっけ？

入力に関するヒントや指示をプレースホルダーとして表示することは勧められません。ユーザーがヒントや指示を確かめたくなるのは、文字を入力し始めた後かもしれないからです。そうなると彼らは、すでに入力した情報を消さなければなりません。

たとえばパスワードに関する規定、特定の入力値に関する制約、文字数の上限など、諸々の入力ルールを伝えたいなら、ラベルの下に表示するとか、ツールチップとして表示するなど、不都合が生じない表示方法を選びましょう（利用可能な各種の方法について、詳しくは第14章を参照）。大切なのは、ユーザーが文字を入力し始めてからでも、ヒントや指示を確認できることです。

プレースホルダーはどのような場合に役立つか

ラベルをプレースホルダーとして表示することも、ユーザーが承知しておくべき入力ルールをプレースホルダーで伝えることも避けるべきなら、プレースホルダーはいつ使えばよいのでしょうか？

1、ぜひ入力してほしい欄。 たとえば、ユーザーがサイト内を積極的に回遊してくれるようホームページに設置する、検索ボックスです。この種の検索ボックスは通常、よく目立つようにホームページの一番上に配置され、ユーザー行動を喚起するメッセージが添えられて、そのあとに検索ボタンが設置されます（具体例はこのあとすぐ）。他にもうひとつ、プロダクトの主要な目的を果たすために欠かせない入力欄も重要です。例として、フェイスブックのステータス欄や、出会い系サイトのプロフィール欄が挙げられます（ステータスやプロフィールを確実に記入しないと、ユーザーはそのサイトで何も収穫が得られません）。これらの重要な入力欄にプレースホルダーを配置しておくと、ユーザー行動を促し、状況を前に進めることができます。

2、ユーザーが回答を特定しづらそうな質問や、回答を敬遠される可能性のある質問に対する回答欄。 たとえば何通りもの答え方があり得る質問、ユーザーが時間をかけて考えをまとめなければならないオープンクエスチョン、答えをはっきり特定することが難しい質問、慎重に扱うべき情報を必要とする質問、ユーザーが回答することに抵抗感を抱きかねない質問などに答える欄です（具体例はこのあとすぐ）。これらの回答欄ではプレースホルダーが効果を発揮して、さまざまな障壁を取り除いてくれるので、ユーザーは不安なく回答を入力できるようになります。

プレースホルダーが役立つ局面はもうひとつあります。単純に、ユーザーを笑顔にしたいときです。これについては、本章の最後のセクションで解説します。

6種のプレースホルダーと、それらの使い方

タイプ #1：質問

特に重要な入力欄に興味深い個人的な質問が書かれていると、ユーザーはぜひ回答したいという気持ちになり、トラフィックが増えてユーザー行動が活性化します。直接問い掛けるような言い方をして（できれば二人称で：あなた）、ユーザーが面白がって乗り気になり、シンプルに短く回答できるような質問を用意しましょう。

Examples

エアビーアンドビー（Airbnb）は、どこに旅をしたいかと問い掛けます。この質問に対する答えを持っていない人などいるでしょうか…私などは、答えるだけでは済みません。関連情報にちらちら目を通し、憧れの地について調べてみたくなります。エアビーアンドビーが望んでいるのはまさに、そういう効果でしょう。

> ようこそ我が家へ
> 190余りの国々で、地元のホストがあなたのために宿泊先を提供します。
>
> どこに行きたいですか？

www.airbnb.com（旧バージョン）

ブッキングドットコム（Booking.com）も同様の質問です：

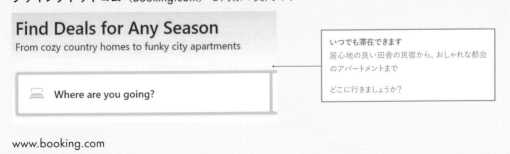

> いつでも滞在できます
> 居心地の良い田舎の民宿から、おしゃれな都会のアパートメントまで
>
> どこに行きましょうか？

www.booking.com

第 10 章 プレースホルダー

ファイバー（Fiverr）の入力欄には、"どんなサービスをお探しですか？"との質問が書かれています。このプレースホルダーは、入力欄の上部に書かれた言葉から続けて読むと、とても効果的に行動を喚起します。一連の言葉は言わば、この欄に自分の希望を書き込めば何でも実現するという約束だからです。さらにこのプレースホルダーは、どのような検索キーワードを入力すればこのプラットフォームの目的に合う検索結果が得られるかを伝える働きも兼ねています。つまり、サービスです。どんな言葉を入力するとよいかを伝えたいときは、このような質問形式の他に、具体例を挙げる方法も有効です（本章で後ほど解説します）。

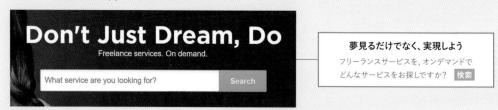

夢見るだけでなく、実現しよう
フリーランスサービスを、オンデマンドで
どんなサービスをお探しですか？ 検索

www.fiverr.com

オンライン学習サービスのプラットフォーム、**ユーデミー**（Udemy）は、ホームページの検索ボックスで、こう質問します。

何を学びたいですか？

www.udemy.com

どの事例でも、サイトのホームページに表示されるプレースホルダーは、ユーザーが自分なりの答えを見つけてモチベーションを獲得しサイトの利用を開始することを促す言葉です。どれも、ユーザーが自分自身の最大の関心事に一気に辿り着ける質問であり、何段階もの階層式メニューで検索を繰り返すような回りくどさがありません。

質問形式のプレースホルダーは、サポートページでもよく使われます。下図は、**ウィートランスファー**（WeTransfer）です。

www.wetransfer.com

ツイッターは、"どうしましたか？"という質問です。ユーザーの回答のスタイルは、どのような質問をプレースホルダーとして提示するかに応じて決まります。ツイッターがあれだけの人気を獲得し、誰もがつねに最新の投稿をチェックするようなソーシャルメディアになったのは、このような問い掛けに皆が心を開いたからと言えそうです。

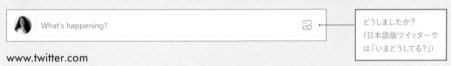

www.twitter.com

フェイスブックはひとりひとりのユーザーに、今何を考えているかと尋ねます。そうするとユーザーの思考は、外部で起きている物事ではなく、本人の頭の中にある物事へと向かいます。あなたがフェイスブックで出会うのは、人々の頭に絶えず浮かんでは通り過ぎていく思考なのです。

あなたの心に今何が浮かんでいますか、キネレット？
（日本語版フェイスブックでは「キネレットさん、その気持ち、シェアしよう」）

www.facebook.com

タイプ #2：カテゴリー

カテゴリーを定義すると、選択肢が絞り込まれて、可能性だけに目を向けることができるので、ユーザーはそのプロダクトのもっとも望ましい利用法を簡単に見つけられるようになります。カテゴリーのプレースホルダーは、質問形式のプレースホルダーと同じく、ユーザーが自分自身の興味を追求するのに役立ちます。

Examples

オーディオ配信プラットフォーム、**サウンドクラウド**（SoundCloud）は、ここで探せる情報を4つのカテゴリーに分類し、紹介します。

旅行情報サイト、**ヒップマンク**（Hipmunk）は、ホテル探しに役立つ検索ワードをカテゴリー別に提示します。

求人情報サービスの**シンプリーハイアード**（SimplyHired）は、職種のカテゴリーを3つと、勤務地のカテゴリーを3つ提示します。

ピクサベイ（Pixabay）は、無料の写真素材を共有するためのプラットフォームです。このプレースホルダーには検索カテゴリーの候補が挙げられており、さらに入力欄の下にはいくつかの検索ワードが例示されていて、とてもわかりやすい検索ボックスです。プレースホルダーで具体例を示す方法については、次のページで解説します。

www.pixabay.com

タイプ#3：具体例

ある種のケースでは、具体例（複数でもよいが、最大3つまで）を示すと、入力欄の使い方をうまく伝えることができます。

Examples

テーラーブランド（Tailor Brands）は、ロゴを作成するプラットフォームです。ユーザーは入力欄に事業内容の説明を書き込まなければなりませんが、プレースホルダーの例文を見れば、どんな種類の情報を提供するべきか、すぐにわかります。組織の規模、業種、事業拠点、ターゲット顧客層です。

By telling us more about what you do, we can create better designs for you.

e.g., We are a small organic shop located in Williamsburg focused on a young cool audience

> あなたのビジネスのことを、もう少し教えてください。そうすれば、あなたにぴったりの素敵なロゴをデザインすることができます。
> 例：私たちはウィリアムズバーグにある小さなオーガニックショップで、ターゲット層はおしゃれな若者たちです。

www.tailorbrands.com

下図は、**ペイパル**の支払請求フォームです。この例文を見ると、ビジネス目的のメッセージでも私的な心情が伝わるような書き方ができることがわかります。

Note to recipient

Such as "Thank you for your business"

> 受取人へのメモ
> "お取引をありがとうございます" など

www.paypal.com

オンライン学習プラットフォーム、**ユーデミー**の例文は、講師が自身の講座の内容を効果的に伝える言い方のお手本として役立ちます。

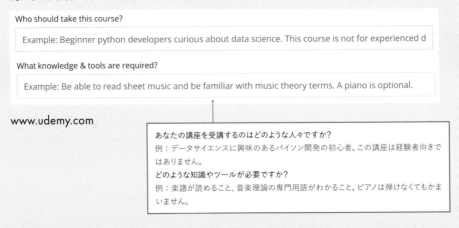

www.udemy.com

デザイン作成ツール、**キャンバ**はデザインテンプレートの種類を例示しますが、その例は、ユーザーがサイトにアクセスするたびに入れ替わります。

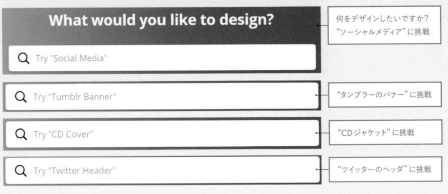

www.canva.com

タイプ #4：助言

オープンクエスチョンでは、ユーザーが回答文を考えなければなりません。けれどもユーザーは、タスクを実行している最中に考え込まなければならない状況を何より嫌います。彼らが望んでいるのは、入力欄を埋めて前に進むことだけです。

オープンクエスチョンの回答欄に配置するプレースホルダーは、ユーザーを正しい方向に導き、重要ポイントを伝える役割を果たします。そのような助言があれば、ユーザーは簡単に、意欲的に回答できるようになります。

Examples

求人情報掲示板、**リアルマッチ（RealMatch）**には、求職者が履歴書にカバーレターを添付できる機能があります。カバーレターを書くためには文面を考えなければならないため、多くの求職者はこれを書かずに済ませてしまいますが、カバーレターを添付すると、志望先の採用担当者から連絡が返ってくる見込みが格段に高まります。このプレースホルダーは、そのようなカバーレターの効果を求職者にわかりやすく伝え、どんなことを書けばよいかを提案する内容であり、求職者の活動を第一歩から支援する働きを持ちます。

‹	Add Cover Letter!

✎ Stand out from the crowd
A cover letter increases your chances by up to 25%!

Show them that you're the best person for this job. Go
ahead and brag about your skills, experience and magic
touch.

カバーレターを添付しましょう！
大勢の求職者の中で、存在感を示すことができます。カバーレターを添付すれば、書類選考の通過率が最大25%アップ！
あなたこそがこの仕事にぴったりの人材であることを知ってもらいましょう。カバーレターを書き、あなたのスキル、経験、特技を余すところなく彼らに伝えてください。

RealMatch Job Boards

エアビーアンドビーに体験プランを提案するときに表示されるプレースホルダーを見ると、そのプランの魅力を、ゲストに対してより効果的に伝える書き方がわかります。

Describe each place you'll visit on the experience

Consider including special places guests can't find or access
on their own.

あなたの体験プログラムの訪問先となる土地について教えてください。
ゲストが独力で探し当てること、または辿り着くことができないような特別な場所があれば、ぜひ紹介してください。

www.airbnb.com

タイプ #5：障壁の解消

ユーザーが質問に答えるのを踏みとどまらせるような障壁がある場合、プレースホルダーをうまく使うと、障壁を取り除くことができます。

Examples

出会い系アプリ、**Ok キューピッド**のプロフィールの入力画面には、簡単には回答しづらい、いくつかのオープンクエスチョンがあります。たとえばこうです。

I spend a lot of time thinking about — 私はしょっちゅう、こんなことを考えています

www.okcupid.com

ユーザーはこの欄に、特に興味を抱いている関心事を書く必要があります。けれどもユーザーは、自分には興味のある物事でも、将来のパートナー候補にとっては大して面白くないのでは、と心配するかもしれません（取るに足らない、深刻すぎる、よく知らない、重要だと思えない、あまりにも重要、などの理由で）。このような不安があると、彼らは正直に回答しづらいだろうし、回答すること自体を止めてしまうかもしれません。

そこで、プレースホルダーにはこう書かれます。

Global warming, lunch, or your next vacation... it's all fair game. ✎**WRITE** — 地球温暖化、ランチ、次の休暇…何でもオーケーです。**さあ書きましょう**

このプレースホルダーには、重要な関心事（地球温暖化）とささやかな関心事（ランチ）とごく一般的な関心事（次の休暇）が併記されているので、上記のような障壁が取り除かれます。また、その後に添えられる一言も、ユーザーの心を落ち着かせます。ユーザーが聞きたいのはまさにこの言葉であり、これがあれば彼らは作業を中断したりせず、心のままに回答を書くことができます。

Ok キューピッドのサイトについては、すでにいろいろ紹介してきましたが、ぜひ実際に訪問してみてください（実生活ではパートナーと仲良く暮らしている人も）。そして、プロフィール画面の質問やプレースホルダーをチェックしてみましょう。入力欄周辺のマイクロコピーが、ユーザーの戸惑いや不安を大幅に軽減することがわかります。これならユーザーは、簡単に楽しく入力できます。

タイプ #6：楽しい雰囲気作り

プレースホルダーは、ただユーザーを楽しませるためだけに使うこともあります。そのような使い方も素敵ですが、フォームに関しては、ユーザーができるだけ短時間で入力を完了できることが最優先なので、それを忘れないでください。ですから入力フォームには総じて、ジョークは似合いません。例外となるのは、そのブランドのボイス＆トーンに遊び心が必要不可欠であり、プロダクトの持ち味にもジョークが似合う場合、あるいはユーザーが、時間に追われることなく楽しんでくれそうだと見込まれる場合だけです。

Examples

ユーザーを楽しませるためのプレースホルダーとしてまず紹介したいのは、**トレロ**（Trello）の会員登録フォームです。画面を開くたびに、テレビ番組や映画、本、テレビゲームに登場する架空のキャラクターが、入力フィールド内に入れ替わり立ち替わり登場します。

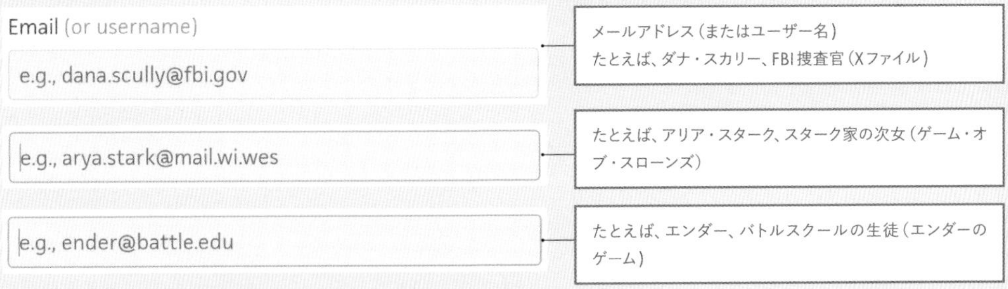

Email (or username)

> e.g., dana.scully@fbi.gov

メールアドレス（またはユーザー名）
たとえば、ダナ・スカリー、FBI捜査官（Xファイル）

> e.g., arya.stark@mail.wi.wes

たとえば、アリア・スターク、スターク家の次女（ゲーム・オブ・スローンズ）

> e.g., ender@battle.edu

たとえば、エンダー、バトルスクールの生徒（エンダーのゲーム）

www.trello.com

下図は、**タイプフォーム**の入力フォームです。

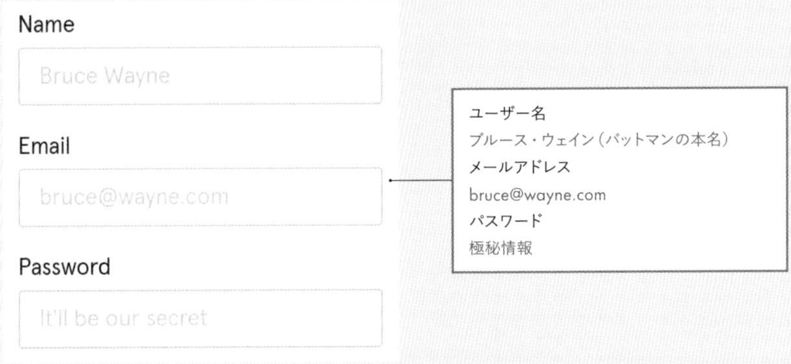

Name

> Bruce Wayne

Email

> bruce@wayne.com

ユーザー名
ブルース・ウェイン（バットマンの本名）
メールアドレス
bruce@wayne.com
パスワード
極秘情報

Password

> It'll be our secret

www.typeform.com

第11章

ボタン

適切な言葉が結果を生む

ボタンは、どれだけ重要視しても過大評価にはなりません。ユーザーがボタンをクリックしなければ、彼らがサイトにアクセスした目的は達成されないし、来訪した彼らの行動があなたにとって望ましい結果、つまりコンバージョンには結び付きません。ボタンは、決心が行動に移されるかどうかの分岐点です。ですからボタンのライティングには十分に時間をかけ、丁寧に言葉を選ぶことが必要です（できればテストにも時間を割いてください）。ユーザーを動かす力のない、ありふれた言葉で妥協するのは止めましょう。そうしないと、ゴールの直前で減速してしまいます。

ボタン周りのライティングの基本原則の前に、重要なアドバイスをひとつ記します：

テスト、テスト、テスト

ボタンのマイクロコピーの働きには、驚かされるばかりです。ボタン上のたったひとつの言葉を変更するだけで、コンバージョン率が劇的に増減することさえあります（インターネットには、そのような事例が多数存在します。"ボタン、マイクロコピー"でググってみてください）。コンバージョン率をできるだけ高めたいなら、A/Bテストを実施しましょう。十分な成果が得られます。ボタンのライティングの基本原則を知る必要があるのも、A/Bテストで2つの冴えない選択肢を比べるのではなく、2つの優れた選択肢を比べるためです。

"どうやって手に入れるか"ではなく"何を手に入れるか"

ダウンロード、検索、送信、登録などの一般的な言葉は、ユーザーが決意を固める助けにはなりません。このような汎用型のボタンだと、ユーザーはプラス要素とマイナス要素を自分で秤に掛けなければならず、それまでに入手し理解してきた情報を思い出さなければなりません。そして、ボタンをクリックするだけの価値が本当にあるかどうかを自分自身で判断しなければなりません。

こうした一般的な言葉には、もうひとつ問題があります。総じてこれらは、片付けていかなければならない面倒な作業のことを連想させてしまうことです。

では、代わりにどう書けばよいのでしょうか？ マイケル・アーガードは、4年もの間ボタンのテストを繰り返し、次のような方程式を明らかにしました。

> 価値＋レレバンス（関連性、自分との結び付き）＝コンバージョン

アーガードは"How to Write a Call-to-Action that Converts（コンバージョンを達成するCTAコピーの書き方）"という記事の中で、ボタンには、ユーザーが**やること**（行動）ではなく、ユーザーが**得るもの**（価値）を伝える言葉を入れるべきだと述べています。たとえば彼は、あるサイトでボタンのマイクロコピーを**オーダー・インフォメーションからゲット・インフォメーション**に変更しましたが、その結果コンバージョン率は40％近くも上がったそうです！

"オーダー"と書かれたボタンが伝えるのは、彼らが**得るもの**ではなく、彼らが**やるべきこと**だからです。そこには、ユーザーがボタンをクリックしようと思うほどの価値はありません。

行動だけを伝えて価値には触れないと、最終的な判断をユーザーに委ねることになり、彼らが一連の思考の末にどのような結論に辿り着くかを知る術はありません。けれどもボタンに価値を書けば、彼らが探し求めている最終結果そのものを提示することができるので、ユーザーに対して、はるかに大きなモチベーションを与えます。

アーガードの方程式に出てくる2つ目の変数は、**レレバンス**です。価値は、それだけではまだ一般的すぎる可能性がありますが、アーガードのテストによれば、特定の状況に関連付けたマイクロコピーを入れると、コンバージョン率が上がりました。言い換えれば、**無料でダウンロード**と書くだけではなく、**無料ガイドをダウンロード**、またはより望ましいのは、**無料ガイドをゲット**と書くのです。特定の状況に関連付けたマイクロコピーは、ここでもやはり、コンバージョン率を何十パーセントも高めるほどの力を持ちます。長い文章は読む気を失わせるのではないかと心配する必要はありません。レレバンスを伴う価値が提示されれば、言葉が長くても、コンバージョン率は上がります。ただし、私の言葉をただ鵜呑みにするのは止めてください。あなたのサイトについては、あなたが自分で確かめましょう。

注意：すべてのボタンが、重要な価値を提供するために設置されているわけではありません。私がここで話題にしているのは、たとえば会員登録、リードジェネレーション*、ダウンロードなど、**コンバージョンや、その他の重要な行動に直結するボタンだけ**です。あなたのプロダクトにとって特に重要な行動が検索、コメント、セールスビデオの再生などであるなら、ライティングに力を入れるべきなのは、それらを実行するボタンです。
＊：見込み顧客を獲得するためのマーケティング活動のこと。

けれども、ボタンのマイクロコピーの大半は、おそらく機能を伝える内容でしょう。それは、そのままでかまいません。むしろ、そのままにしておくべきです。**続行、買い物かごに入れる、チャットに参加する、安全な支払い、編集、共有、まとめ、アップロード、保**

存、などと書かれたボタンは、標準化されていてわかりやすく、ユーザーも使い慣れています。

Examples

電子インボイスのパターンを3種紹介します。いずれも無料トライアル期間が30日設けられていますが、それぞれのボタンの言葉は少しずつ違います：

	無料トライアルの登録フォームを 開くホームページ内のボタン	無料トライアルの登録フォームの 最終行のボタン
1	今すぐ会員登録	アカウント作成
2	今すぐ会員登録 30日間無料トライアル	無料トライアルを開始
3	今すぐ会員登録 30日間無料トライアル、コミットメントなし	システムの利用を開始

パターン1の2つのボタンに入れられているのは、ユーザーが実行しなければならない行動を伝える言葉です。これでは、ボタンをクリックすることと引き換えに得られる価値はわかりません（インターネット上のあちこちにアカウントを作成することが趣味、という人でない限り）。さらに、レレバンスもありません。どちらのボタンもごく一般的な言葉でしかなく、他のどんなデジタルプロダクトにも、このまま使い回せるでしょう。きっとぴったり合います。

パターン2とパターン3のホームページ内のボタン（左カラム）は、ユーザーが実行するべき行動を伝えながらも、続いてすぐ、30日間の無料トライアルという価値を言い添えます。けれども、ホームページに表示されるボタンなら、価値**だけ**を書くとさらに良いかもしれません。30日間の無料トライアルのことだけを書き、登録手続きについては触れないのです。登録という言葉が面倒な作業を連想させると、ユーザーはボタンをクリックする手を止めてしまうかもしれません。

ホームページのボタンに30日間の無料トライアルという価値を書くなら、フォームの最終行のボタン（図版の右カラム）には何を書いたらよいでしょうか？　最終的な価値である、インボイスの作成です。パターン3（図版3行目の右カラム）の**システムの利用を開始**という言葉は、それに近い表現ですが、これではまだレレバンスが足りず、どんなシステムにも使える汎用タイプの域を出ません。そして、ユーザーが面倒な作業をしなければなら

ない印象がありながら、その結果何が得られるかはわかりません。レレバンスを高めたいなら、こう書きましょう：**電子インボイスの作成を開始**。

More Examples

アンバウンス（Unbounce）は、コンバージョン率最適化のためのランディングページ作成ツールです。このサイトのボタンには数多くの価値が詰め込まれ、やや長めのマイクロコピーになっています。ライティングを担当するあなたは、言葉を増やすことには躊躇するかもしれませんが、ユーザーから見ればこれらは、いずれも重要な情報です。ボタンのマイクロコピーは、必ずしも短くなくてもかまいません。

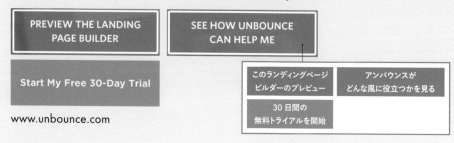

www.unbounce.com

 ## 一連の購入手続きに使うボタンは、普通が一番

カートに追加とは、商品をカートに入れることであり、それ以上の意味はありません。ユーザーは、カートに追加した商品は単にそこに保存されるだけだと理解しており、中には、実際に購入するかどうかをこれから検討するつもりの人もいます。彼らはその時点ではまだ、取引に関して何の責任もなく、支払い手続きは始まっていません。ですから、この**定型文以外の言葉は、単にユーザーを不安にさせるだけです**。たとえば私はこれが欲しい、これを選ぶなどの表現は、即座に不必要な疑念をあおり、そのボタンが実際は何を実行し、ユーザーをどこに連れて行こうとしているのかわからない、と思わせてしまいます。

支払いを確定するボタンも、わかりやすい表現でなければなりません（言い換えればせいぜい、**あんしん決済、セキュア決済**くらいです、詳しくは第16章を参照）。本当に支払い手続きを進めたいと希望するユーザー以外はそのボタンをクリックしないよう、配慮しましょう。購入手続きの最後のボタンにも、同じことがいえます：**支払いを確定する、注文する、購入する**など、ごく普通の言葉を使いましょう。

ユニークUIの調査報告（ヘブライ語）を書き添えておきます。彼らの報告によれば、**購入手続きが標準的な方法と違うとコンバージョン率が低下します**。この種のボタンでは、規格から外れた試みをするべきではないと心得ましょう。

Examples
多彩な参考事例

| 登録 | → | Create your portfolio! | ポートフォリオを作る！ |

www.carbonmade.com

| 登録 | → | **Yes**, Send Me New Patterns & Tests | はい、新作のパターンとテストを送ってください |

www.goodui.com

| 登録 | → | UNLOCK DISCOUNT CODE! | 割引コードのロックを解除 |

www.themiddlefingerproject.com

| 検索 | → | Find Jobs | 仕事を探す |

www.indeed.com

| 検索 | → | 🔍 FIND ME THE BEST FLIGHT! | 条件にぴったりの航空便を探す！ |

Loco app

| 開始 | → | BUILD MY RESUME | 履歴書を作成する |

www.myperfectresume.com

| 開始 | → | Post Jobs for FREE | 無料で求人情報を掲載 |

www.ziprecruiter.com

| 決済 | → | Save My Seat >> | 席を予約する |

www.leadpages.net

| 決済 | → | INSTANTLY BECOME 10X MORE POISED | 今すぐ気持ちを10倍安定させる |

www.themiddlefingerproject.com

TIP 19

会員登録をする気になった理由を思い出せる言葉

会員登録フォームの最後に設置する登録ボタンには、登録を完了したユーザーがどんなベネフィットを受け取るか、または何ができるようになるかを踏まえて、ユーザーの興味や意欲を高めるような言葉を使うのも一案です。**登録**という言葉で済ませるのではなく、**レシピを保存する、フランス語を学ぶ、プロ仕様のロゴを制作する、あなたにぴったりの仕事を見つける**、などの言葉を入れてみましょう。

また、会員登録を済ませたユーザーに割引やギフトを提供する場合は、それをボタンに書くのも良い方法です。**年会費無料のクレジットカードを入手、25%オフでお買い物！** などです。ボタンにこのような言葉を入れると、登録手続きそのものではなく登録をする気になった理由の方に意識が向き、総じてとても有効です。

TIP 20

これは一体何をキャンセルするボタンなのか？

特に注意を払わなければならないボタンは、他にもあります。キャンセルボタンです。これらのボタンは、ラベルの書き方次第で、混乱を招きかねません。たとえば：

このキャンセルボタンは、何をキャンセルするのでしょうか？　直前の操作でしょうか、それともキャンセルをしたいというリクエストでしょうか？

このような場合は、キャンセルおよび取り消しという言葉をはいといいえに入れ替え、さらに少しだけ言葉を付け加えて意味を明確にしましょう。
たとえば：

www.eventbrite.com

クリックトリガー、次の局面に進むための最終メッセージ

ジョアンナ・ウィーブは、**Buttons and Click-Boosting Calls to Action（ボタンと、クリック率を上げるCTA）** という記事で、ボタンのすぐ近くに書かれる短いメッセージが、ボタンの上に書かれるメインのマイクロコピーと同じようにコンバージョン率を劇的に増加させ得ることを報告しています。そして、それらの短い文章を**クリックトリガー**と呼びます。

クリックトリガーの目的は、ユーザーが次の局面に本当に進むかどうかを決める瞬間に、的確な言葉でそれを後押しすることです。その言葉にユーザーが即座に反応し、気持ちを行動に移してくれれば成功です。

あらゆるボタンのライティングで、ボタンの隣（または上か下）のスペースは重要です。ここに少なくともひとつはクイックトリガーを書き添えると、かなり効果があります。メールマガジンの配信登録、製品のユーザー登録、動画の視聴、商品の購入など、コンバージョンの内容が何であっても、有効性に変わりはありません。

ボタンの上のマイクロコピーと同じように、クリックトリガーはユーザーに、クリックをすることで得られる価値を改めて認識させる働きをしますが、もうひとつ見落とせない効果があります。クリックという行動に付随する障壁を取り除き、ユーザーが進もうとする道を整える働きです。

クリックトリガーを書くときは、個々のプロダクトを利用しようとするユーザーの目的と、それを阻むもっとも大きな障壁を検証して、注意深く言葉を選びましょう。同一プロダクト内の別の場所ですでにそれらの問題に対応している場合も、ボタンの隣に短いメッセージを添えて再確認できるようにしておくと、非常に効果的です（ユーザーの心配事の軽減については、第16章を参照してください）。

必要であれば、2〜3種類のクリックトリガーを併記してもかまいませんが、しつこくならないよう気をつけてください。力のある言葉を厳選することと、通例に従いA/Bテストを実施することが大切です。

Examples

クリックトリガーの好例として、まず**インターコム**（Intercom）を紹介します。ここでは3つの言葉が一体となってひとつのイメージを形作り、このプロダクトは簡単に使えて良いこと尽くしだと伝えます。もし気に入らなかったら？　時間も費用もかけずにキャンセルできます。

www.intercom.com

ブッキングドットコムも、効果的なクリックトリガーの名手です。彼らは数々のソーシャルプルーフを利用して、宿泊施設の価値を伝え、予約は早い者勝ちだと印象付けます。ボタンをクリックするかどうか思案しているユーザーにとって、大勢の人がその宿泊施設に興味を示していることを証明するソーシャルプルーフは、強力なクリックトリガーです。また、すぐに予約をしなければ間に合わないという気持ちも湧き起こります。

www.booking.com

エアビーアンドビーは、同じように宿泊予約をするかどうか迷っているユーザーに対して、ボタンの下に2つのクリックトリガーを表示します：ひとつ目はマイナスの要素を減らすメッセージ、2つ目はプラスの要素を膨らませるメッセージです。

www.airbnb.com

ショウポ（Showpo）は、ファッションアイテムに対して、同種のクリックトリガーを使います。うたた寝してると買い損ねますよ、とのメッセージです：

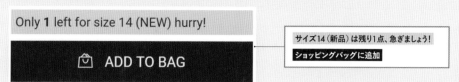

www.showpo.com

購入した品物が気に入らなかった場合は返品できるだろうか、そしてその手続きは厄介だろうか、というのはオンラインショッピングでの大きな心配事ですが、**ソサエティ6**は、それをきちんと解消します。心配無用とわかれば、ユーザーはずっと気楽に支払い手続きを進めることができます。最悪の場合でも、大した手間をかけず簡単に返品できるなら大丈夫です。

www.society6.com

評価が高いというメッセージは代表的なソーシャルプルーフですが、クリックトリガーとしても使えます。**ダウンロードドットコム**（Download.com）のクリックトリガーはこうです。

www.download.com

下図は、ボタン本体にクリックトリガーが書かれている例です：
インビジョンはずっと無料です！

www.invisionapp.com

第12章

404エラー：ページが
見つかりません

インターネットのブラックホール

レニー・グリーソンは、**テド**（TED）カンファレンスで404ページをテーマに短い講演を行いました（"404, the story of a page no found（「404、ページが見つかりません」というストーリー）"）。以下は、そのまとめの言葉です。

> あなたの何が他と違うのか、または、なぜ私はあなたを好きにならずにいられないのか。
> 単純なミスは、そういうことを改めて思い出させます。

404ページは、ユーザーがすでにサイトから消えているページ（または元々存在しないページ）を探すと表示されます。サイト内またはインターネット上のどこかに、今は存在しないページ、またはすでにアドレスが変更されたページへのリンクだけが残ってしまった場合や、ユーザーが間違ったURLを入力した場合も、このエラーが発生します。

ユーザーにとって404ページは、できるだけ見ないで済ませたいページでしょう。けれどもわれわれにとっては、重視すべきページのひとつです。もしもユーザーが、グーグル検索の結果や、他のサイトのリンクからこのページに行き着いて、次のようなメッセージしか受け取れないとしたらどうでしょう：**404エラー：ページが見つかりません。**

ユーザーは即座に"戻る"ボタンを叩き、あなたは彼らを失うことになります。彼らがあなたのサイト内の別のページを閲覧してくれる可能性は、おそらくゼロです。彼らには、これからどうすればよいかを知る手掛かりがなく、何かをわざわざ試してみる理由もありません。グリーソンが言うように、404ページはあなたのブランドに関する多くのことが浮き彫りになる場であり、たとえばあなたが自身のミスにどう対応するか、ユーザーのエラーにどう対応するか、ユーザーが問題に直面したときや落胆したときに何ができるかなどが、メッセージを通して伝わります。

上記のようなありきたりなメッセージしか書けないとしたら、それはユーザーを理解していないか、問題を理解していないかのどちらかです。このようなメッセージは、現実問題として、ユーザーが問題を理解するのにも、行きたい場所に移動するのにも役立ちません。ただの行き止まりです。さらに感情面でも、ユーザーの落胆に対する共感が一切ありません。

404ページでは、ビジュアルを魅力的にデザインすることも重要ですが、それだけでは不十分です。**ビジュアル要素でユーザーを笑顔にすることはできるかもしれませんが、そこにマイクロコピーがなければ、彼らが目的地に辿り着くのを助けることはできません。**

1、何が起きたのか、なぜユーザーがここに辿り着いたのかを伝える。

404という数字の意味を多くのユーザーは知らないということを、まずは承知しておきましょう。ですから、404という数字やエラーという言葉を敢えて持ち出す必要はありません。専門用語など使わず、簡単な言葉で、ページが見つからないこと、またはすでにここには存在しないことを説明しましょう（ユーザーがデジタル関係の知識を持っている場合は404というコード名をおそらく理解できるので、この数字を使うのも一案ですが、それでもやはり、それをメッセージの主軸にするのは止めましょう）。

2、共感を示す。

ユーザーは探していたものが見つからず、それは私たちのせいかもしれないのですが、いずれにしても彼らは落胆しているので、共感を示すことが大切です。彼らが味わっている気持ちに寄り添うような言葉を付け足しましょう。お詫びの言葉や、彼らの気持ちを汲み取るような言葉がいいでしょう（事例紹介はこのあとすぐ）。

3、脱出方法を提供する。以下のような方法を少なくともひとつは用意するとよい。

- リンクを貼り、サイトの中心部や、多くの人々が検索するカテゴリー、特に紹介したいページなどに移動できるようにします。
- 検索ボックスを設置します。
- ホームページへのリンクを貼ります。
- メインメニューを404ページに表示する場合は、言葉かビジュアル要素を使ってユーザーの注意をそちらに引き付けます。何のヒントも用意せず、ユーザーが自力でメニューを見つけて移動してくれることを期待するのは止めましょう。

4、以下の要素は、あってもなくてもかまわない。

- 凝ったデザイン。
- ネガティブな経験をポジティブな経験に変えるユーモア（ただし、混乱しているユーザーを笑うことは厳禁）。
- ユーザーがリンク切れを報告することのできる方法と、次のような補足の一文："他のサイトからここに来た方は、どこから来たかを教えていただけると助かります。リンクを修正し、他のユーザーがここまで来なくて済むようにします"。
  さらに、お問い合わせページか、404エラー専用の特設サポートページへのリンク。
- 顧客サービスやサポートに関する問い合わせ先の一覧。

広く全体を視野に

404ページにかなり力を入れているサイトもあります。**グーグル**は、アンドロイドの404ページのためにゲームを開発しているし（下方にスクリーンショット）、**ロメイン・ブレイジャー**のサイト（www.romainbrasier.fr）には、404ページでレミング（タビネズミ）を助けねばならないゲームが登場します。マイクロコピーやデザインの領域には、404ページに関する論説や資料が、他のどんなページに関するものより多く出回っている様子だし、"最強の404ページ30選"といった類いの記事も無数に存在します。

けれども正直なところ、そういう遊び心を一番面白がっているのは私たち自身でしょう。ユーザーがこのページを見る機会はごく限られているし、その際もここには長く留まらず、本来探していた情報が何であるにせよ、そこに向かって進みたい、というのが彼らの気持ちです。

404ページで顧客の興味を引き付け、サイト内の別のページも見てみたいと思ってもらえるよう働き掛けることは大切です。けれどもそれよりもっと重要なのは、必要なサービスを不足なく提供することです。手の込んだことはやらなくてもかまいません。ページデザインはシンプルに仕上げるか、またはちょっと楽しいビジュアル要素を追加する程度でよいでしょう。そこに、微量のユーモアを盛り込んだわかりやすいメッセージを入れ、サイトの中心部に移動できるリンクを3つくらい設置すれば、申し分なしです。

余談ですが、404ページが好評を博すと、サイトのマーケティングに大きな成果がもたらされます。404ページがユーザー間でシェアされるからです。ロメイン・ブレイジャーはその一例ですし、**ノッシュ**（Nosh）の動画もかなり話題になりました（ユーチューブで"Nosh 404"と検索してみてください！）。あなたも、404ページをセールスに結び付けることを狙うなら、ちょっと気合いを入れて、頑張ってみましょう！

www.android.com

Examples

イスラエルのファッション店、**ベル・アンド・スー**（Belle and Sue）の404ページは、ビジュアル要素が皆無で、文字だけですが、なかなか楽しく仕上がっています。ユーザーのイライラをきちんと受け止めつつ、別の視点も取り入れた文章は、ユーモアたっぷりです。問題が生じたことを簡潔に伝えたうえで（ユーザーは、問題そのものの技術的な側面には興味がありません）、サイト内の他のページに移動する選択肢を用意しており、好感度が上がります。

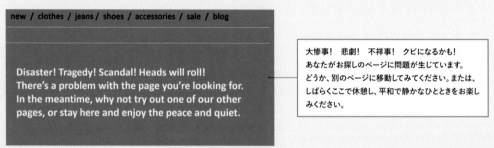

new / clothes / jeans / shoes / accessories / sale / blog

Disaster! Tragedy! Scandal! Heads will roll!
There's a problem with the page you're looking for.
In the meantime, why not try out one of our other
pages, or stay here and enjoy the peace and quiet.

大惨事！　悲劇！　不祥事！　クビになるかも！
あなたがお探しのページに問題が生じています。
どうか、別のページに移動してみてください。または、
しばらくここで休憩し、平和で静かなひとときをお楽し
みください。

www.belleandsue.co.il（ヘブライ語から翻訳）

シンプルに美しくデザインされた下図の404ページは、**スポティファイ**（Spotify）です。彼らはアナログ盤のレコード（実際に回転します）に、落胆の気持ちを表すタイトルを付け、何が起きたかをわかりやすい言葉で説明します。FAQとコミュニティページへのリンク、そして戻るボタンも設置されています。ただ、戻るボタンのリンク先はホームページなので、ここにはその言葉をそのまま入れた方がよいでしょう。ユーザーは、ホームページ以外の場所から来ることもありますから。

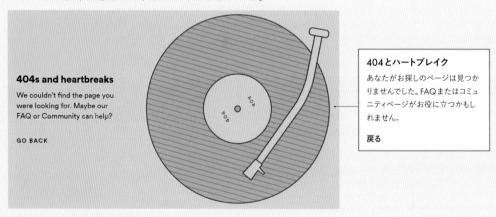

404s and heartbreaks

We couldn't find the page you
were looking for. Maybe our
FAQ or Community can help?

GO BACK

404とハートブレイク
あなたがお探しのページは見つか
りませんでした。FAQまたはコミュ
ニティページがお役に立つかもし
れません。

戻る

www.spotify.com

RSPCA（英国動物虐待防止協会）は、何が起きたかを楽しいストーリーで説明し（イヌが
ページを持って逃げ、当然ながら裏庭に埋めた）、重要で役立つリンクをいくつか提供し、
ヘルプセンターで検索するためのリンクも付け加えます。とてもキュートで実用性に優れ、
この協会の理念が伝わるページです。

Looks like a dog may have run off with that page

Sorry about that. Perhaps he's buried the page out the back?

Whilst we go and look, why not see if the links below are useful, or try searching for what you need.

Rehoming and adoption

Could you offer a 'forever home' to an animal who desperately needs it?

Advice and welfare

Take a look around for up-to-date guidance on caring for pets, farm animals and wildlife.

Get involved

Take a look at some of the great ways you can support our vital animal welfare work.

お探しのページは、どうやらイヌが持って逃げたよう
です。
申し訳ありません。裏庭に埋めてしまったかも？
ちょっと見てきますので、その間に以下のリンクが役
立つかどうか検討してみてください。または、お探しの
テーマをこちらで検索してください。

引き取りと受け入れ
'終の棲家'を必死で
探している動物がい
ます。提供していただ
けますか？

**各種のアドバイスと
動物福祉**
ペットと家畜と野生
動物へのケアに関す
る、最新のガイダンス
をお読みください。

活動への協力
動物たちの命を救う
私たちの福祉事業を
支援していただけるな
ら、いくつか方法があ
るので紹介します。

www.rspca.org.uk

アイデア：404ページに使える、マイクロコピー以外の要素

・楽しいイラストや画像

・ユーザーが味わっているイライラを表現するグラフィック

・アニメーション

・なぜページが見つからないかを説明する、ブランドのボイス&トーンに則った説明文

・歌や映画からの引用

・ユーチューブの動画

イスラエルのUXスタジオ、**ユニークUI**は、シンプルな言葉と工夫されたイラストで問題を説明します（404という数字が、その意味を理解できるユーザーに対するヒントです）。そして、責任を持って問題に対処することを伝え、最後にここから移動するためのリンクをいくつか提供します。

🕓 This is the first time it happens to us, Really!

We didn't drink our coffee this morning and our links got confused. The page you wanted isn't here. **We're really sorry**.

Until we take care of it, here are some other pages that might interest you:

> 私たちにこんなことが起きたのは初めてです、本当です！
> リンクがうまく動作せず、今朝はコーヒーも飲めません。
> あなたがお探しのページは、ここではありません。**本当にすみません。**
> 私たちが問題を解決するまで、別のページをお楽しみください。こんなページに興味がおありでは？

www.uniqui.co.il（ヘブライ語から翻訳）

ブランドの事業内容を伝える404ページ

本章の冒頭で紹介したグリーソンの言葉にもあったように、404ページはユーザーに、な
ぜ彼らがそのブランドを愛しているか、そしてなぜ彼らがこの場所を訪問したかを思い出
してもらうチャンスでもあります。言い換えればこのページは、エラーへの対応という役
割だけでなく、顧客エンゲージメントの構築という役割も果たせるわけです。そのために
は404ページに、ブランドの事業内容を伝える要素を盛り込むと良いでしょう。たとえば、
ページが見つからないことについて、ブランドの事業内容に関連付けた理由を考案し、特
徴的な用語を織り込んで説明してみるのも一案です。

Examples

映画やテレビ番組のデータベースである**IMDB**（インターネット・ムービー・データベー
ス）の404ページでは、ユーザーがここに到達するたびに、さまざまな映画から"引用"し
リメイクしたセリフが表示されます。バリエーションは、15通りほどあります。

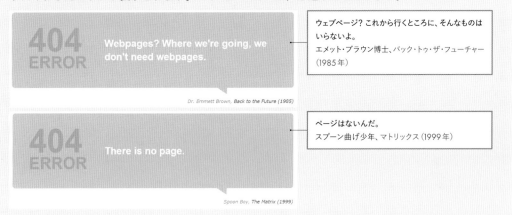

ウェブページ？ これから行くところに、そんなものは
いらないよ。
エメット・ブラウン博士、バック・トゥ・ザ・フューチャー
（1985年）

ページはないんだ。
スプーン曲げ少年、マトリックス（1999年）

www.imdb.com

トリップアドバイザーは、探しているページが休暇で旅行に出かけたと伝え、ユーザーに
もそうするよう勧めます。

このページは休暇で旅行中です…
あなたもぜひそうしてください。私たちが
200以上のサイトを検索し、もっともお得に
利用できるホテルを見つけます。

www.tripadvisor.com

リードページ（Leadpages）は、リードの創出を目指すブランドのための専門ツールを提供し、ランディングページの作成と、キャンペーンの効率的な展開を実現します。彼らは404ページで、ユーザーの落胆に共感し、状況に耐える姿勢に感謝しながら、そこに面白いサービスを追加します。ユーザーが興味を持ちそうな無料コンテンツを、メールアドレスと引き換えに入手できる仕組みです。つまり、リードの創出です。彼らは404ページで、リードの創出を実践するわけです！

クリエイティブで実効性のあるこの試みは、彼らのプロ精神をユーザーに伝えると同時に、彼らのサービスがユーザーにもたらす利益を実感させます。ページの下方には、彼らのウェブサイトの3つの主要エリアに移動できるリンクもあります。

WE'RE PUZZLED, TOO.

The page you're looking for isn't here.

But don't leave empty handed! **Grab our Facebook Ads Lookbook** as our way of saying 'Thanks! for your patience.'

Download 250+ Facebook Ad Examples

LOOKING FOR SOMETHING IN PARTICULAR?

SUPPORT   BLOG POSTS   EDUCATION

私たちも当惑しています。

お探しのページは、ここではありません。
けれども、どうか手ぶらで帰らないで！ 'この状況に耐えてくださってありがとう！' そのお礼代わりに、私たちのフェイスブック広告のカタログをお持ちください。

250以上のフェイスブック広告の事例をダウンロード

このような情報をお探しではありませんか？

サポート   ブログ記事   エデュケーション

www.leadpages.net

NASAは、天体物理学に関する考察を述べ、ユーザーを事象の地平線の向こう側に連れて行きます。

404 The cosmic object you are looking for has disappeared beyond the event horizon.

あなたがお探しの、この宇宙空間に存在したはずの物体は、事象の地平線を越えて消えてしまいました。

www.nasa.gov

ファイナンシャルタイムズは、ページが見つからない理由を彼らなりに説明しますが、おそらく制作にはかなり時間をかけたはずです。彼らは経済理論に基づいて、22通り（！）もの可能性を示唆してくれるのです。ぜひあなたも読んでみてください（ft.com/404で検索）。

Sorry

The page you are trying to access does not exist.

This might be because you have entered the web address incorrectly or the page has moved.

For help please visit help.ft.com.

We apologise for any inconvenience.

Why wasn't this page found?

We asked some leading economists.

Stagflation ⓘ
The cost of pages rose drastically, while the page production rate slowed down.

General economics
There was no market for it.

Liquidity traps
We injected some extra money into the technology team but there was little or no interest so they simply kept it, thus failing to stimulate the page economy.

Monetarism ⓘ
The government has limited the number of pages in circulation.

Efficient Markets Hypothesis ⓘ
If you had paid enough for the page, it would have appeared.

Moral Hazard ⓘ
Showing you this page would only encourage you to want more pages.

Tragedy of the Commons ⓘ
Everyone wanted to view this page, but no-one was willing to

www.ft.com

すみません
あなたがアクセスしようとしたページは存在しません。
あなたが入力した URL が間違っていたか、またはページが移動された可能性があります。
ヘルプセンターへのお問い合わせは、help.ft.com まで。
ご不便をおかけして申し訳ありません。
なぜこのページが見つからなかったのでしょうか？
一流の経済学者たちに尋ねてみました。

スタグフレーション
ページのコストが大幅に増加する一方で、ページの生産率が停滞した。
総合的な経済情勢
そのページのマーケットが消滅した。
流動性の罠
技術開発チームに予算を追加投入したものの、利息がほとんど、またはまったく付かないため彼らはそれを運用できず、結果として、そのページに対する景気刺激策が無効になった。

マネタリズム
政府がページの供給量を制限した。
効率的市場仮説
そのページに見合った投資をすれば、姿を現すはず。
モラルハザード
そのページをユーザーに見せても、もっと多くのページを見たいという気持ちを誘発するだけだろう。
コモンズの悲劇
誰もがそのページを見たいと望んだものの、誰も（後半略）

NPR（米公共ラジオ局）は、勇気と責任のあるジャーナリズムを目標とし、ニュース系の番組を中心に配信するラジオ局です。彼らの404ページには、あなたが探しているページとまったく同じ運命を辿り、すでに失われて、もう目にすることのない人々やアイテムに関する記事が書かれています。サイトを訪問し、その興味深いリストを読んでみてください。

It's a shame that your page is lost, but at least it's in good company; stick around to browse through NPR stories about lost people, places and things that still haven't turned up.

Amelia Earhart
Researchers are still trying to figure out what happened to aviator Amelia Earhart, who disappeared while flying over the South Pacific in 1937

18 1/2 Minutes of Watergate Tapes
Rose Mary Woods, the loyal secretary of President Richard Nixon, took responsibility for erasing tape that was crucial to the Watergate investigation.

Jimmy Hoffa
Prosecutors in Michigan say authorities are calling off their latest search for the remains of Jimmy Hoffa, the long-missing former Teamsters boss.

www.npr.org

残念ながら、お探しのページはどこかへ消えてしまいました。ですが、少なくとも良い仲間がいます。もうしばらくここに留まり、失われて未だ戻らない人々、場所、物事に関する NPR の記事をご覧ください。

アメリア・イアハート
飛行士であり、1937年、南太平洋上空を飛行中に消息を絶った。彼女の身に何が起きたかは不明で、今も調査が続けられている。

ウォーターゲート事件の録音テープの18分半の空白
ウォーターゲート事件の捜査において重要な証拠である録音テープの一部を消去した責任者は、ニクソン元米大統領の秘書、ローズ・メアリー・ウッズとされる。

ジミー・ホッファ
ミシガン州の検察官の報告によれば、当局は、長く行方不明であったチームスターズの元委員長、ジミー・ホッファの遺体の捜索を中止した。

第13章

待ち時間

本章の内容　・待ち時間のエクスペリエンスを丁寧に設計することが
　　　　　　　　　なぜ重要か
　　　　　　　　・ユーザーと一緒に待ち時間を過ごすためのアイデア

ユーザーと過ごす有意義な時間

待ち時間とは、ページの読み込み、データの処理、検索、ファイルのダウンロードなどが完了するのを待つ時間のことです。システムが黙々と作業を進めている間に、できることなどあるだろうかと思うなら、本書のUX専門コンサルタント、タル・ミシュアリの注目すべき記事（今のところヘブライ語で書かれたものだけ）を読んでみてください。そこにひとつの答えがあります。ユーザーエクスペリエンスとユーザビリティをどう両立させるべきかを研究した彼は、次のような興味深い研究結果を報告します。動画や、時間の経過とともに変化するテキスト、バーなどがあると、ユーザーの**知覚上**の時間は短くなるのです。つまり、読むもの、見るもの、変化を追えるものなど、何か注意を向けられるものがあると、時間が経つのが早く感じられて、ユーザーの知覚上の待ち時間は短縮されるということです。

もうひとつ了解しておきたいのは、ユーザーがただ画面を眺めながら待っていなければならない時間なら、あなたが自由に使ってよいということです。この時間をうまく活用して、何か知的な話題や心温まる話題、あるいはブランドの特色が感じられる話題を差し出してみてはどうでしょうか？　そうすれば最小限の投資で、ユーザーに思いがけない楽しみを味わってもらうことができます。あなたが彼らのことをつねに考え、大切な存在だと認識していることが伝わるはずです。こういう小さな工夫の積み重ねが、すべてを大きく変えるのです！

待ち時間の画面にはメッセージがなくてもよいので、言葉を一切使わず、グラフィックだけで構成することもできます。ですから、もし予算に余裕があって楽しいアニメーションが作れるなら、それは素晴らしい方法でしょう。けれども、言葉を組み立てて並べるのは、それよりもはるかに簡単です。時間や費用をかけずに、有効なソリューションを手に入れることができます。

では、どんな言葉を使えば、この待ち時間を少しでも短く感じさせることができるでしょうか？　そして、これは無駄な時間ではなく有意義な時間なのだと思ってもらえるでしょうか？　参考事例を見ていきましょう。

特定の雰囲気でユーザーを包み込む

インビジョンは、ユーザーエクスペリエンスのデザイナーのためのエクスペリエンスを提供すると伝えます。

あなたのためのエクスペリエンスを
読み込んでいます
デザインを共有し、共同制作するための最高の
ツール、インビジョンが動作中です。

www.invisionapp.com

ホームページ作成ツール、**ウィックス**が望むのは、ユーザーが良い気分で読み込みを待ってくれることです。

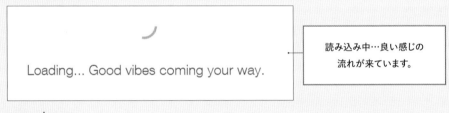

読み込み中…良い感じの
流れが来ています。

www.wix.com

楽曲のプレイリストを作成し共有するアプリ、**8トラックス**（8tracks）は、ちょっとお茶目です。

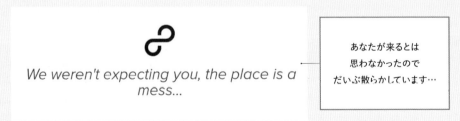

あなたが来るとは
思わなかったので
だいぶ散らかしています…

8tracks app

システムがどんな処理を実行中かを伝える

ユーザーは、何かのプロセスが進行していると、それが何であっても、その経過をフォローします。そうすると彼らは、時間が経つのを忘れ、自分もそのプロセスに参加しているような感覚になり、さらに、プロセスが完了したときに得られる成果への期待も抱くようになります。以下の事例でわかる通り、この効果は、舞台が実世界ではなくても同じです。

ショピファイ（Shopify）は、オンラインの店舗が開設されるまでの間、画面を順番に更新していきます。

Sit Tight! We're creating your store

1 of 3: Creating your account

www.shopify.com

動かずに待っていて！
あなたの店を作っています。
3ページ中1ページ目、
アカウント作成中

テイラーブランズ（Tailor Brands）の待ち時間のページは、彼らのロゴやプロダクトのデザインが、十分な検証を経て完成することを実感させます。おそらく彼らは、生成プロセスが自動であっても、それはAIの十分な思考のたまものであり、本物のデザイナーがデザインしたように見えるということを強調したいのでしょう。

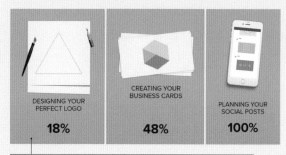

DESIGNING YOUR PERFECT LOGO
18%

CREATING YOUR BUSINESS CARDS
48%

PLANNING YOUR SOCIAL POSTS
100%

www.tailorbrands.com

完璧なロゴをデザインしています

名刺を作成しています

ソーシャルポストのプランを立てています

Ok キューピッドの会員登録手続きの最後に表示されるのは、彼らがユーザーのために素敵な相手を見つけている最中であることを示す画面です。それはつまり、ユーザーがこのサイトを訪問した目的そのものです。

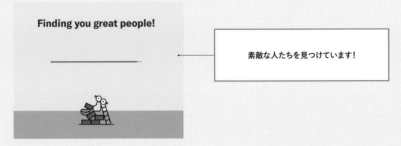

素敵な人たちを見つけています!

www.okcupid.com

クロームキャスト用アプリ、**ビデオストリーム**（Videostream）は、何が進行中かを伝えるユーモラスなストーリーを提供します。

読み込み中、ジャガイモをすりつぶしています…	読み込み中、リスを追っかけています…
読み込み中、ミトコンドリアにパワーを供給しています…	読み込み中、脚をワックス脱毛中です…

Videostream app

プロダクトの上手な使い方のヒントを提供する
（複雑なシステムで特に有効）

グーグル広告では、アップロードの際に簡単なヒントが表示され、その内容は毎回変わります。これは、単に時間つぶしとなるだけでなく、このシステムの特長をユーザーに伝える方法として有効です。

www.ads.google.com

テーブルを拡大するときは、ここをクリック
コンバージョンを管理するときは、ここをクリック
ナビゲーションのヒントを知りたいときは、ここをクリックして"クイック・リファレンス・マップ"を表示

待ち時間が長くなりそうなときは、その間別の作業をやることを勧める

ツイッターのフォロワー数をチェックする**ツイッターカウンター**は、待ち時間が終われば価値ある情報が手に入ると約束したうえで、システムがデータを集め結果を分析している間、コーヒーを一杯淹れるか、またはウィキペディアの記事をランダム表示で読みながら待つことを提案します。きちんとリンクも用意されています（コーヒーへのリンクはありません）。

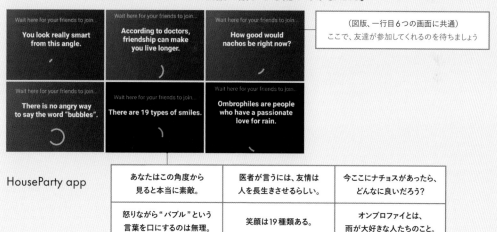

www.twittercounter.com

下図は、グループビデオチャット用アプリ、**ハウスパーティー**（HouseParty）の事例です。友達の参加を待つことは、このアプリのエクスペリエンスの一部であり、やや時間がかかるかもしれませんが、彼らはその間、多種多様な知識や風説、面白いネタを紹介してくれます。これなら、友達が参加したときに会話に詰まる心配がありません。

HouseParty app

（図版、一行目6つの画面に共通）
ここで、友達が参加してくれるのを待ちましょう

あなたはこの角度から見ると本当に素敵。	医者が言うには、友情は人を長生きさせるらしい。	今ここにナチョスがあったら、どんなに良いだろう？
怒りながら"バブル"という言葉を口にするのは無理。	笑顔は19種類ある。	オンブロファイとは、雨が大好きな人たちのこと。

Part 3

ユーザビリティ

障害を取り除き、流れを整える

ユーザーがプロセスを放り出してしまうとき、そこに大した理由は必要ありません。入力欄への入力方法が一箇所だけわかりにくい、タスクの完了に手間取りそうな気がする、プライバシーに関する不安が少しだけ消えない、答えづらい質問がある、などの理由がひとつあれば十分です。操作の途中で一度でもつまずくか、何らかの問題の徴候が垣間見えるだけでギブアップする人もいます。

良質のマイクロコピーは、障害が発生しかねない場面に必ず現れ、即座に解決策を差し出します。ときには、障害の発生そのものを防ぐこともあります。

本書でこれまでに解説してきたのは主に、ユーザーの行動の前後に機能するマイクロコピーのことでした。Part 3 では、ユーザーの行動と**同時に**機能して彼らに助言を与え、タスクをより簡単に手早く完了させるマイクロコピーについてお話します。ユーザーが短時間で確実に課題を達成できるよう力を尽くしましょう。ユーザーのために、そして私たちのために。

Part 3 の章構成：

第14章　マイクロコピーとユーザビリティ：基本原則
第15章　疑問に答え、知識のギャップを埋める
第16章　不安や懸念を軽減する
第17章　エラーやトラブルを防止する
第18章　マイクロコピーとアクセシビリティ
第19章　高度なシステムのためのマイクロコピー

第14章

マイクロコピーと
ユーザビリティ：基本原則

本章の内容
- できるだけ簡潔に
- フォーム画面にマイクロコピーを表示する4通りの方法
- マイクロコピーが必要な場所の見つけ方

できるだけ簡潔に、ただし…

これまでの各章で取り上げてきたマイクロコピーの目的は主に、ユーザーの感情に訴えるような豊かなエクスペリエンスを提供して、顧客エンゲージメントを築くことにありました。けれども彼らが実際に行動を起こして、ウェブサイトやアプリ、あるいはやや高度なシステムで一連のプロセスを開始したら（たとえば会員登録をする、商品を注文する、新規プロジェクトに取り掛かるなど）、マイクロコピーの目的は変わります。**これ以降のマイクロコピーに求められるのは、ユーザビリティを向上させ、各種の障害をできる限り取り除いて、ユーザーがプロセスを手早く簡単に完了できるようにする役割です。**

ユーザーの感情に訴えるエクスペリエンスを作る段階は、もう終わりました。これからの段階で重視するべきなのは、わかりやすさと実効性です。ここからの良質なサービスの基準は、どれだけユーザーを楽しませることができるかではなくなります（ただしもちろん、楽しんでもらおうという姿勢は持ち続けましょう）。ユーザーが最小限の努力で（またはスティーブ・クルーグが言うように、最小限の思考で）タスクを完了できるよう、どうサポートしていくかです。

ただしこれは、法律用語を操るような、無表情な定型のライティングに戻るという意味ではありません。それは全く違います。マイクロコピーが必要な局面でのみ、できるだけ少ない言葉で助言をするという意味です。ユーザーがタスクの完了を目指して一連の操作を続行し、あなたも彼らが自力で送信ボタンに辿り着いてクリックすることを望んでいる限り、不要なユーモアを持ち込んだり、余計な指示を与えたりしないでおきましょう。

必要なときだけ、正確に、簡潔に、シンプルな言葉を使ってメッセージを届けてください。

下図は、実在する入力フォームです。ライターは、良質のサービスを提供しようとかなり頑張っているようですが、方向性を見誤っています。本来はごくシンプルで標準的な入力フォームだったはずなのに、文字だらけでごちゃごちゃに見え、ユーザーは読む気を失くしそうです。

名前
*この名前が、そのままあなたの友達の画面に表示されます。
*名前の長さは、4文字から40文字までにしてください。
メールアドレス
*たとえば、あなたの名前@アドレス.com
*このアドレスを、ログインのときに使用します。
□はい、新着ニュース、製品のアップデート、特別オファーに関するメールを受け取ります。
*あなたのメールアドレスやその他の個人情報が第三者に提供されることは決してありません。
パスワード
*大文字、小文字、数字および/または特殊記号を組み合わせると、強固なパスワードになります。
*文字数は5文字から40文字までです。
パスワードの確認

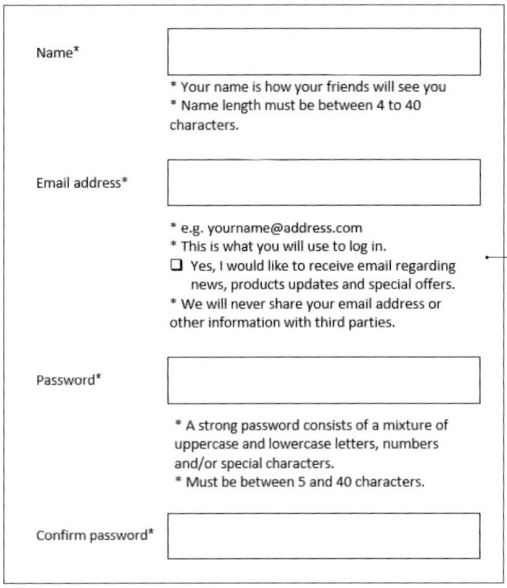

これらの説明文の大半はまったく不要であり、本当に必要な言葉はほんの少ししかないはずです。好感が持てる書き方をすることが大切なのは事実ですが、このような実用性を重視すべきフォームでは、できるだけ理解しやすいよう簡潔に情報を提供し、長文は避けましょう。

例えば、こうではなく：文字数は5文字から40文字までです
これだけ書きます：5～40文字

インターフェイスを文字で埋め尽くす前に、こう自問してみましょう：

1、 これらの言葉は本当に必要か？
2、 どうすればできるだけ少ない言葉でこのことを言い表せるか？

UXデザインをチェックする

言葉をたくさん使って念入りに説明したくなるとき、あるいは的確な言い方が見つからないと感じるときは、UXデザインに問題があるかもしれません。多くの説明を必要とせず、ユーザーが意欲的に操作できるような良質なインターフェイスを作るためには、優れたUXデザインが必要不可欠です。マイクロコピーには、ユーザーの操作をサポートし、UXデザインだけでは対応しきれない問題を解消する以上の役割はありません。インターフェイスが説明文だらけになってしまうようなら、UXチームに連絡を取ることを強くお勧めします。そして彼らに、建設的な解決策を見つけてもらいましょう。

その一方で、必要なら躊躇せず援助の手を差し伸べる

簡潔に書くことは必須ですが、本当の問題は、**どのくらいの分量**のマイクロコピーをフォームに書き加えるかではなく、**ユーザーが実際に援助を必要としているか**どうかです。もしもその答えがイエスなら、ライティングを進め、文字でユーザーをサポートしていきましょう。

サラ・ウォルシュは、素晴らしいスピーチをネットで公開しています。それは、**キャピタル・ワン**（Capital One）のウェブサイトで、フォーム画面の言葉の数を**2倍**に増やしたときのことです。彼女は、余白をすべて潰して、操作上のアドバイスを入力欄の周囲に書き加えました。その結果、入力完了率は26%から96%になったとのことです。つまり**3倍**です（ユーチューブで"Don't forget your online forms"（オンラインの入力フォームの点検を忘れずに）をご覧ください）。

入力フォームの中に、ユーザーが迷ったり、ミスをしたり、安全性に不安を感じたりしそうな箇所が見つかったら、それらの問題を解決するための言葉、またはユーザーに確証を与えるための言葉を、ためらうことなく書きましょう。**ユーザーに口出しをしすぎないつもりで、重要な説明まで省くことは禁物です。**そうではなく、**彼らは困ったときには助言してもらえることを喜びます。**助言があれば彼らは、わざわざ問い合わせをする必要がなく、サイトを訪問した目的の達成を諦めることもなく、探しているものをスムーズに見つけることができます。

すでにお伝えした通り、操作上の指示や説明は、当然ながら、できるだけ短く簡潔にまとめましょう。最小限の言葉で最大限の情報を提供する言い方が理想です。また、指示や説明が本当に必要になるまではそれらを非表示にしておく方法もあるので、個々の状況に応じていろいろな方法を工夫しましょう。

フォーム画面にマイクロコピーを表示する4通りの方法

1、静的表示

ユーザーにとって必要な助言を与えるマイクロコピーは、画面上を移動させたり、表示と非表示を切り替えたりすることなく、定位置に持続的に表示します。入力欄の前面かすぐ隣に固定しておけば、ユーザーはいつでも読むことができます。

主な利点：ユーザーが見落とす心配がありません。

主な欠点：フォームがやや見づらくなる可能性があります。

最適なのは：操作方法を理解してもらうために指示を与えることが必要不可欠であり、その指示が見落とされる心配がないようにしたい場合に適します。

マンチェリー（Munchery）は、この操作が取り消し不可であることを忠告するマイクロコピーを、静的表示します。

```
Message




                                          250 characters remaining
   This can't be edited once submitted, so please double check your message.
```

```
メッセージ
                                                        あと250文字
一旦送信したメッセージは変更できないので、事前にダブルチェックをしてください。
```

www.munchery.com

この種の指示は、マイクロコピーのアクセシビリティに関する要件（第18章参照）に従い、入力欄よりも前に配置するべきなので、気をつけましょう。

2、オンデマンド表示

これは、ユーザーがアイコン（?、!、i）をクリックするか、マウスオーバーするか、またはリンクをクリックしたときだけ、マイクロコピーを（通常はツールチップとして）表示する方法です。

主な利点：誰もがいつでも簡単に情報を入手できます。しかも、すでにその入力フォームを利用し慣れている人は読まずに済ませられます。

主な欠点：そのアイコンやリンクをクリックしないユーザーは、重要な情報を受け取り損ねます。ですから私見では、重要な説明文はツールチップ内に格納せず、入力欄のすぐそばに表示しておく方が良いと思います（自動表示にする場合は別です。この方法については、次の項目で説明します）。

最適なのは：

a.　**表示するべき情報や指示が多く、画面がごちゃごちゃしそうなとき。**

b.　**ユーザーに基礎知識や背景説明を提供したいとき。** これらの情報は、彼らの行動の方向付けをして、行動の価値を伝えるのに役立ちます。

c.　**繰り返し行われる行動。** その場合ユーザーは、2回目か3回目以降は、すでに見た情報を表示せずに操作を完了できるようになります。つまり、新規ユーザーは自身にとって必要な情報に簡単にアクセスできるし、経験のあるユーザーは手を止めることなくすぐに先に進むことができて、しかもやはりその情報が必要になった場合はすぐに参照できます。

下図は、**ブッキング・ドット・コム**のウェブサイトです。このページには各種の情報や指示が満載されており、ツールチップは'?'アイコンにマウスオーバーすると表示されます。メッセージの内容は、個人情報に関する質問を設けた理由です（第16章も参照のこと）。

www.booking.com

下図は、**フェイスブック**の広告作成用のUIです。それぞれの入力欄の隣に'i'アイコンが配置されていて、かなり数が多いのですが、操作の邪魔にはなりません。これならユーザーは、各種の用語に関する正確で有用な説明を簡単に参照して的確な判断をすることができ、助かります。

www.facebook.com

操作をサポートする説明書きのツールチップについては、以降の章でも、さまざまな事例を紹介します。

3、自動表示

これは、ユーザーが必要とするタイミングにぴったり合わせてマイクロコピーを自動的に表示する方法です（たとえばカーソルが入力欄の中に置かれ、入力欄がフォーカスされたとき）。表示されたマイクロコピーは、現在の操作にとって必要である間はそのまま表示され続けます。ユーザーがフォーム内の別の場所に移動すると、そのマイクロコピーは消え、次にフォーカスを得た場所に新しいガイダンスが表示されます。

主な利点：必要なときにはいつでも読むことができますが、それ以外のときはフォーム内の文字を減らしておけます。指示が見落とされる心配はほとんどありません。

主な欠点：その情報を必要としなくなった再訪ユーザーにも、何度でも繰り返し表示されます。

最適なのは：

a.情報や指示が多い場合。画面に文字が詰まるとごちゃごちゃするので、隠せるのは好都合です。

b.1回限りの行動。たとえばオンラインショップの開設、アカウントの作成、クラウドファンディングのキャンペーンの開始、パプアニューギニアへのガイド付きツアーの予約などです。

c.ユーザーがプロセスを実行している間、サポート担当者がすぐ近くに待機しているような印象を与えたい場合。たとえば金銭のやり取りを伴う行動、教育機関への入学手続き、高額商品の購入手続きなどです。

d.重要でありながら不定期に行うだけの行動。たとえば航空券の購入などです。

下図は、**ウィズエアー**（Wizzair）のウェブサイトのツールチップです。パスワードの入力欄にフォーカスが当たると自動表示され、有効なパスワードが生成されるまでそのまま表示され続けます：

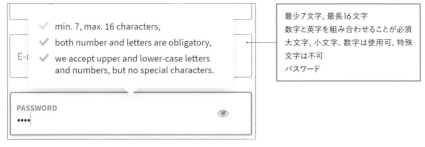

www.wizzair.com

これらのマイクロコピーは、もっと短くすることができます：

*7〜16文字

*数字と英字を必ず使用

*特殊文字は不可

自動表示タイプのツールチップを上手に利用しているのが、ホームページ作成ツール、**ウィックス**です。代替テキストの入力欄にカーソルを合わせると、代替テキストとは何かを説明し利用を勧めるコピーが自動表示されます：

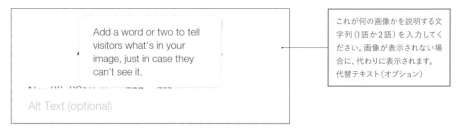

www.wix.com

自動表示タイプのマイクロコピーは、ツールチップ以外にもあります。下図の2通りのスクリーンショットは、どちらも**ゼプリン**（Zeplin）の会員登録ページであり、入力欄にフォーカスが当たると、画面右側にコピーが自動表示されます。メールアドレスの入力欄では：

www.zeplin.io

続いてユーザー名の入力欄に移動すると：

4. プレースホルダー

第10章で解説した通り、プレースホルダーは通常、入力欄の中に薄いグレーの文字色で表示され、その入力欄にフォーカスが当たると消えます。

主な利点：見落とされることがありません。
主な欠点：文字が消えてしまうと、ユーザーはその情報を見ようとしても見られなくなります。

最適なのは：
a.短い指示を伝えるとき。
b.プレースホルダーが消えたあとに、ユーザーがもう一度その情報を見たくなるかもしれないという心配がないとき。
c.書き出しの一文をユーザーに提供したいとき。
d.ユーザーが入力欄に正しく記入できるよう、短い文例を提示したいとき。

第10章で、プレースホルダーの事例を数多く取り上げ、多様な使い方を紹介していますので、そちらもご覧ください。

言うまでもないことですが、同一フォーム内にこれらの4通りの表示方法を混在させるのは止めましょう；すでにおわかりの通り、一貫性はとても大切です。ユーザーのニーズに合わせてそれぞれの表示方法を適切に使い分け、ストレスなしで簡単に使えるフォームを作ってください。

TIP 21

(?)か(!)か(i)かリンクか?

感嘆符と疑問符、どちらを使うべきなのか? またはリンクを設置するべきか? それを簡単に判断する基準はありませんが、ユーザーが何を考えるか、という点から答えを導き出すことができます。

たとえばユーザーの頭に浮かぶのが、**これはどういう意味か、これは何を実行する機能か、この情報を入力しなければならないのはなぜか**などの、比較的よくあるタイプの疑問だと思われる場合（またはユーザビリティテストの結果そうだとわかった場合）は、疑問符を使いましょう。これはユーザーの疑問をそのまま記号化したものであり、答えがここにあることを示唆するしるしになります。

ユーザーの頭に浮かぶのが、**この合計はどのように算出されたのか**、とか、**どこを探せば提供するべきデータが見つかるか**、などの特殊な疑問だと予想される場合は、その入力欄の隣にテキストリンクを設ける方法が良いでしょう。テキストリンク用のテキストは、たとえば "どう計算したか" とか "どこを調べればよいか" など、ユーザーの疑問をそのまま言い表す文面にします。短く、シンプルにまとめましょう（以下の各章に多様な事例があります）。

感嘆符またはiアイコンが適するのは、あなたが提供しようとする情報が、ユーザーの疑問に対する答えとは限らず、どちらかと言うと背景説明やその他の重要な詳細情報である場合です。

けれども、先ほどお伝えした通り、これは明確な判断基準ではありません。どれが最適だろうかと考え込んでしまうようなら、おそらくはっきり区別のつかない状況であり、どれを選んでも大きな違いはないと思います。重要なのは、マイクロコピー自体が効果的で、シンプルで、ユーザーの疑問や懸念を確実に解消する働きを持つことです。

マイクロコピーが必要な箇所の見つけ方

ユーザーとインターフェイスとの間にうまく噛み合わない要素が生じそうな箇所には、マイクロコピーが必要です。そうした要素が生じる原因となるのは、時間的な遅れ、誤解、不安、エラーなどですが、当然ながら重要なのは、それらのマイナス要素が生じそうな箇所と、それを事前に解決または回避する方法を、どのようにして見極めるかです。

ルーク・ウルブレフスキーは著書、『Web Form Design』(ローゼンフェルド・メディア、2008年)で、フォーム内の弱点を見つけるための方法を多数紹介しています。その中から、マイクロコピーとの関連性が特に高い3つの方法を、以下に抜き出します。

ユーザビリティテスト

テストの記録を見て(ユーザーが発した言葉に注目)、ユーザーの操作に遅れ、迷い、行き詰まりが生じた箇所と、それぞれの箇所で彼らが何を理解できなかったかを書き留めます。それらの問題は、場合によっては、ほんの短い説明文だけで解決することもあります。

たとえば、フォーム内にオートコンプリート機能を持つ入力欄があるとします。その場合ユーザーがやるべき作業は、入力候補として表示されるデータリストの中からひとつを選ぶことです。けれどもユーザビリティテストの結果、多くのユーザーは、補完候補の中から選ぶのではなく、入力するべき値をすべて自分でタイピングしていました。そんなときは、入力欄の下に短い指示を追加し、入力方法を明確に伝えるとうまくいきます。

City	都市名
	お住まいの都市名のタイプ入力を開始すると、リストが表示されます。その中から該当する都市名をクリックしてください
Start typing your city, then click the full name in the list that appears	

もちろん、ユーザーが文字列をすべて自分で入力する方法を好むなら、それもできるようにしておくことが望ましいのですが、その選択肢を用意できない場合は、マイクロコピーが役立ちます。

顧客サポート担当者

ウェブサイトの顧客サポートチームに連絡を取り、顧客からもっとも多く寄せられる質問の内容と、サポートチームへの問い合わせの必要性を感じた理由を教えてもらいましょう。そうすれば、顧客がプロセスのどこで問題を抱えてサポートを必要としたか、そして彼らにとって難しすぎるのはどのような物事かを知ることができます。そうした弱点に対しては、UXを改善するか、またはマイクロコピーで助言を与えることが必要です。

たとえば、支払い手続きを中断してサポートに移動し、電話で購入手続きを完了したいと申し出たユーザーが大勢いたとします。その場合、おそらくユーザーは、オンラインでの支払いの安全性が十分に保証されていないことに不安を抱いています。ですから、オンラインでの支払いが安全であることを、いろいろな方法で繰り返し強調するのが効果的です。また、支払いに関して、どのような種類の、どれだけ有効なセキュリティ対策が講じられているかを伝えると、さらに良いでしょう（第16章で、各種の事例が見られます）。

モニタリングと解析ツール

ヒートマップなどのウェブ分析ツールを利用すると、ユーザーがどこでタスクを放棄したか、彼らが最後に試みた操作は何か、多くのエラーメッセージが表示されるのはどこか、などの重要なデータを入手することができるので、うまく噛み合っていない箇所を突き止め、マイクロコピーで問題を解消することができます。

たとえば、多くのユーザーが生年月日の入力欄をスキップする場合、もしくはそのデータが未入力であるためにエラーが多発する場合、おそらくユーザーはその個人情報が必要とされる理由を理解していません。ですからあなたは、その入力欄を必須項目としてマークし、短い説明文を書き加えて、納得できる理由を提示するべきでしょう（たとえば法律により必要であるなど。具体例は第16章を参照のこと）。

以下の章で、数多くのフォームに含まれるいくつかの代表的な弱点を、順に取り上げていきます。それぞれの弱点を、マイクロコピーでどのように補えば、ユーザビリティが向上し、タスク完了率やコンバージョン率が高まるかを見ていきましょう。

第15章

疑問に答え、
知識のギャップを埋める

本章の内容　　・マイクロコピーで答えを明示するべき4つの代表的な疑問

知識の呪いを解く

事実上すべてのデジタルプロセスは、多かれ少なかれユーザーには理解しきれず、不安を抱かせます。ユーザーから見ればそのデジタルプロセスは、自分以外の誰かが設計したものだからです。設計者は、そのプロダクトがユーザーに利益をもたらすと信じており、少なくとも何も問題は起こさないはずだと考えていますが、プロセスをデザインする立場からは全体像が見えても、ユーザーからは、目の前の1つか2つのステップしか見えません。ですからユーザーは、知らない用語があるのに説明がないとか、インターフェイスの使い方がわからないという問題に出くわすと、不安を増大させ、プロセスに対して、そして私たちに対して、信頼感を持てなくなります。

マイクロコピーは、ユーザーが抱き得るあらゆる疑問に対して、その場ですぐに答えを差し出すことができ、それによって信頼感を与えることができます。マイクロコピーの役割は、疑問に答えることだけではなく、私たちがいつもユーザーに寄り添っていると示すことにもあるのです。マイクロコピーがあれば、彼らが疑問を抱くのはもっともだということを私たちは理解しており、そのような私たちを信じてくれてよいのだと示すことができます。

けれどもマイクロコピーのライターには、別の難しい問題があります。それは、**知識の呪い**と呼ばれる現象から来る問題です。すでにある程度の知識を持っている人は、その知識がない人の視点から物事を見ることができません。それが、知識の呪いです。マイクロコピーを書くあなたは、そのデジタルプロダクトのことなら何でも知っているでしょう。その主目的も、実行できるタスクも知っているし、インターフェイスのことも一通り理解しています。けれどもあなたにとっては当たり前の物事が、ユーザーにとっては初めての物事で、おそらく簡単には理解できません。ユーザーが、**これは何？　どんな機能？　どう使えばよい？**といった疑問にぶつかりそうな箇所を特定するためには、そのプロセスに初めて取り組むつもりで全体を見直す必要があります。前章で紹介したリソース（ユーザビリティテスト、顧客サポート担当者、分析ツール）は、ここでも役立ちます。

本章では、多くのユーザーが共通して直面する疑問をいくつか取り上げます。ユーザビリティテストを予定している場合も、それとは別に、あなた自身が新規ユーザーになったつもりで、プロセスのすべてを見直してみましょう。そして、ユーザーが疑問を抱きそうな箇所を突き止め、それらに答えるつもりでマイクロコピーを書きましょう。

疑問1：これは何？

a. プロセス全体を丁寧に見直して、制作チームの**内部**でしか使わない**専門的**な用語や、ユーザーにとって**馴染みがない**、または**初めて**知るような用語を探し出し、**これは何？**と問い掛けます。

b. 探し出したそれぞれの用語を、**よりシンプルな言葉で言い換えられるかどうか検証**します。

c. シンプルに言い換えることができない場合は、**マイクロコピーを追加して説明**します。

Examples

コモンウェルス銀行の顧客は、クレジットカードのPINコードの提供を求められることに慣れていないため、銀行用語である「カードPIN」を理解していない可能性があります。そのため、この用語のわかりやすい説明文が、PINコードの入力欄のすぐ隣に用意されています。ただしこの説明文は、**これは何？**という疑問への答えなので、疑問符のアイコンにした方がよいかもしれません（TIP 21参照）。

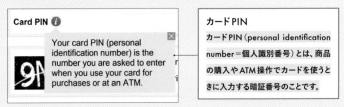

www.commbank.com.au

プロダクトの制作過程で多様な機能に名前を付けるときは、事実上、そのプロダクト専用の新しいルールを制定し、それに従うことになりますが、そのようなルールをユーザーは簡単には理解できません。また、それらの機能がユーザーにどんな価値をもたらすかも、はっきりとはわからないでしょう。プロダクトを十分に使いこなしてもらいたいなら、個々の機能の名前が何を意味し、何に役立つかを説明することが大切です。チームプロジェクト管理ツール、**マンデードットコム**は、カラフルなツールチップで説明文を表示します。

www.monday.com

ゴランテレコム（Golan Telecom）は、イスラエルの移動体通信事業者です。ユーザーは、新しい回線を申し込むときに"ナンバーシークエンス"を指定することができます。では、**ナンバーシークエンスとは何でしょうか？** 疑問符のアイコンにマウスオーバーすると、説明文が表示されます。複数のSIMカードを連番で購入できるサービスのことです。ゴランテレコムは、このサービスを本気で売り込むつもりだと思いますが、それならこの説明文を、行動を喚起するメッセージに言い換えた方が良いでしょう。たとえば、"複数のSIMカードを、連番で入手しましょう"などの言い方です。

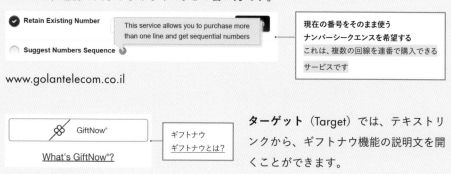

www.golantelecom.co.il

www.target.com

ターゲット（Target）では、テキストリンクから、ギフトナウ機能の説明文を開くことができます。

簡単に言い表せない物事を説明したいときは、場合によっては、文例を提示すると有効です。それにはプレースホルダーが役立ちますが、他にも役立つ方法があります。アンケート調査票の作成ツール、**タイプフォーム**は、あらゆる種類の質問を作成できる機能を備えており、ツールチップでそれぞれの質問の文例を紹介します。個々のカテゴリー名の意味が明確になるので、ユーザーは自身のニーズに合う質問を簡単に選ぶことができます。

www.typeform.com

第15章　疑問に答え、知識のギャップを埋める

下図は、**エアビーアンドビー**の用語説明です。支払い総額に含まれるさまざまな料金について質問したいと考えるユーザーは多いので、その質問に前もって答える内容であり、文面はシンプルかつ具体的です。この料金が何に使われるかがきちんと説明され、さらに1回だけという言葉が付け加えられることで、ユーザーはこれなら大丈夫と確認し、安心することができます。このように、ユーザーのために役立つ言い方をすることが、何より重要です。

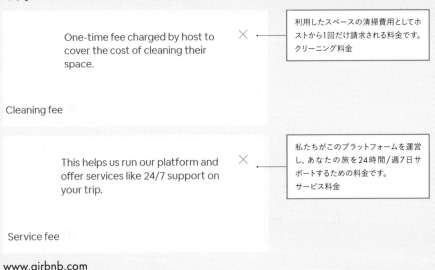

www.airbnb.com

何らかの計算結果をユーザーに伝えるときは、その数値がどのように算出されたかを明示するとよいでしょう。**エアビーアンドビー**は、ツールチップで基本料金の内訳を伝えます。このような情報の透明性は、ユーザーに大いに安心感を与えます。

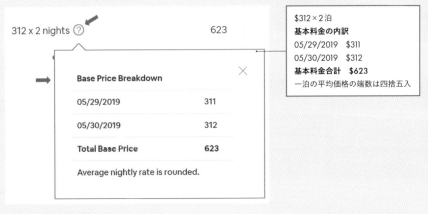

www.airbnb.com

イーベイは、配達予定日の見積もりの出し方を説明します：

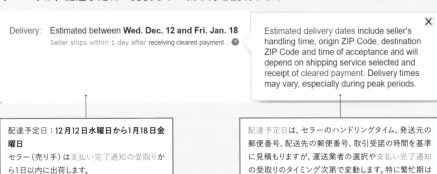

www.ebay.com

いくつかのオプションの中から選択をする局面で、専門用語のわかりやすい説明があると、ユーザーはたいへん助かります。下図は、アイコン素材を取り扱う**ザ・ナウン・プロジェクト**（The Noun Project）のサイトですが、ここには個々のファイル形式の詳しい説明文が書き添えられていて、非常に役立ちます。それぞれのファイル形式が何に適し、どのような長所と短所があるかがよくわかり、ユーザーはどの形式でダウンロードするべきか迷わずに済みます。

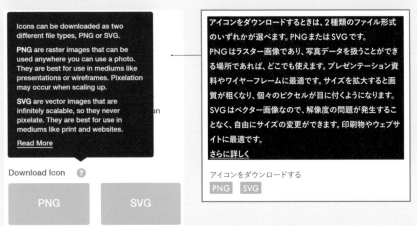

www.thenounproject.com

ただし、言い添えておきたいこともあります。まず、疑問符のアイコンは、その先に有用な情報があることを示唆するわけではないので、通常のリンクに変更して、**両者の違い、ファイル形式の選び方、PNGとSVGとは何か**、などのマイクロコピーを入れる方がよいでしょう。また、ツールチップの最初の2行は不要だと思います。このインターフェイスなら、見ればわかるからです。

疑問2：どんな機能?

画面にオン/オフの切り替えスイッチやチェックボックスを配置したときに、それがどう
機能するかがわかりにくい場合は、それらのボタンの近くにマイクロコピーを入れ、オン
またはオフの操作によって何が実行されるか、または何が実行されないかを伝えましょう。
必要に応じて、オンまたはオフの設定の利点と欠点を説明することも大切です。

また、特にお薦めの機能があり、ぜひ活用してほしい場合は、中立的で実用本位な説明文
で終わらせず、ユーザーの興味をかき立てるような、魅力あふれる行動喚起メッセージを
書くとよいでしょう。

Examples

ユーチューブの自動再生機能の設定画面では、スイッチの隣にiアイコンがあり、マウス
オーバーにより、**どんな機能?**という疑問への答えが表示されます。ただし彼らは、この
機能がどんどん利用されて再生回数が増えることを大いに期待しているはずなので、もう
少し積極的な言い方が良さそうです。たとえば、"スイッチをオンにしましょう、次のお
薦め動画を自動再生で見ることができます"などです。

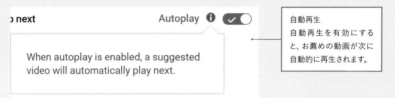

www.youtube.com (旧バージョン)

下図のこのセラーを保存するをクリックすると、何がどうなるのでしょうか? それはあ
なたにとって、どう役立つのでしょうか? **イーベイ**はその疑問に、ツールチップで答え
ます。けれども、マウスオーバーで詳しい説明が見られることに、ユーザーはすぐに気付
いてくれるでしょうか? 小さなヘルプアイコンを追加すると、よりわかりやすいかもし
れません。

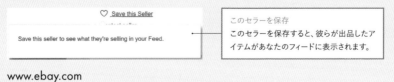

www.ebay.com

予算管理アプリ、**トシル**（Toshle）には、ユーモアたっぷりのモンスターが登場します。ただし、すべてのユーザーが、ユーモアを交えながら財務を管理したいと望んでいるわけではありません（マイクロコピーへのユーモアの取り入れ方については、第1章を参照してください）。そのようなユーザーは、スイッチを切り替えれば、モンスターがポリティカリーコレクト*な生き物に変身します。

＊：公正・中立な（人種・宗教・性別などの違いによる偏見・差別を含まない）言葉や表現を使用すること。

Toshle app

ノチカ（Notica）は、写真をビジュアルノートとして処理し保存することのできるアプリです。下図の画面では、高解像度機能のオン／オフ切り替えの結果が説明されています。説明文はやや長めですが、貴重な時間と労力を費やして自身の写真を編集するユーザーにとっては重要な情報であり、これがわかれば、個々のニーズに合った最善の選択ができます。

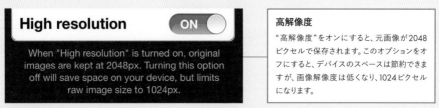

Notica app

ワッツアップ（WhatsApp）は、スイッチにシンプルでわかりやすいラベルを入れたうえで、その下に説明文を書き添え、これがどんな機能かをユーザーに伝えます。"インカミング・メディア"という言葉が何を指し、それがどこにどう保存されるかが、これで正しくわかります。

WhatsApp app

疑問3：その情報はどこに？

ユーザーに特殊な情報（たとえば取得している運転免許の区分や種類、公共料金のお客様番号など）の提供を依頼するフォームでは、入力欄のすぐ隣にわかりやすい説明文を入れて、どこを探せばその情報が見つかるかを伝えましょう。できれば画像を添えて、目的の情報の正確な位置をハイライト表示すると確実です。

入力値が、ダッシュやスラッシュなどの記号を含む場合、または文字と数字の組み合わせである場合は、それをそのまま入力するべきなのか、そうでないならどんな要領で入力すればよいかを明記しましょう（入力欄を編集して、数字だけを入力するボックスを用意し、記号の入力を省略できるようにする方法などもあります）。

Examples

HPのノートPCのユーザー登録をするときは、製品名または製品番号を入力することが必要です。入力フォームには、こう書かれたリンクが用意されています："製品名／製品番号を見つけるには？"。ここをクリックすると新しいウインドウが開き、動画などのいろいろな方法で、製品番号の見つけ方が紹介されます。

注目していただきたいのは、ほんの少しの言葉で用が足りていることです。入力欄のラベルやプレースホルダーが実にうまく機能しているので、"ここに…を入力"などの指示が要らないし、リンクのラベルも、"その情報はどこに？"のような短文で十分です。

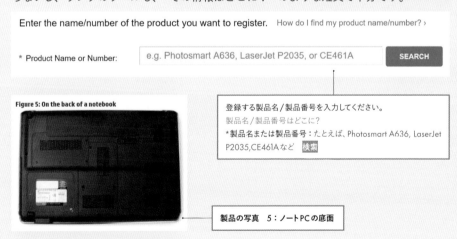

register.hp.com

同様の例が、**マンデードットコム**のボードIDの入力欄です。彼らは、IDとは何か、そしてその情報がどこにあるかを、下図のように説明します。

www.monday.com

TIP 22

複数の項目を選択できます

読者の皆さんならご存じの通り、ラジオボタンは選択項目をひとつだけ選ぶときに使われ、チェックボックスは複数の項目を選択できるときに使われます。けれども、誰もがそのことを承知しているとは限りません。中には、該当項目を選択するときに、この2通りの方法があることに気付いてさえいないユーザーもいるかもしれません。ですから、複数の項目を選択できる場合は、そのことをユーザーにきちんと伝えましょう。

疑問4：どう使えばよい？

ユーザーエクスペリエンスの理論においては、インターフェイスは説明不要であるべきとされ、言葉を使うのは最後の手段です。けれどもユーザーは本当に、やらなければならないことをすべて自力で理解できるでしょうか？　これが、知識の呪いという現象の厄介なところです。あなたはインターフェイスを理解できるし、インターネットの最新の動向もわかるし、専門技術に詳しいので、どのようなデジタルプロダクトを手にしても大抵は直感で何とか操作できてしまいます。けれども、あなたのユーザーはどうでしょうか？　どこまでが、この21世紀を生きる人々の基本的なスキルであり、どこからが、今もまだ説明を必要とする領域なのでしょうか？　**ドラッグ、タイプ入力、クリック、選択**といった操作上の指示は、どのような場合に必要で、どのような場合にはなくてもかまわないでしょうか？

UXのあらゆる側面における原則が、ここでもやはり正解です：**言葉による説明が必要かどうかを判断する一番の方法は、ユーザビリティテストです。**

説明の必要がない箇所

入力欄、ボタン、プルダウンメニュー、感嘆符や疑問符のアイコン、リンク、アスタリスク、ラジオボタン、チェックボックスなどは、すべて説明不要です。入力欄は、隣にラベルを書くだけでよく、たとえば"メールアドレス"とだけ書きます。"あなたのメールアドレスを入力してください"ではありません。ユーザーはすでに、何をすればよいかをわかっているからです。同様に、ラジオボタンやチェックボックスでも、通常は隣にラベルを書けば十分であり、**選ぶ**という指示を書き足す必要はありません。ボタンにも、**クリック**と書く必要はありません。

Examples

www.okcupid.com

Okキューピッドの入力欄はプルダウンメニューになっていますが、使い方の説明はありません。プルダウンメニューなら誰もがよく知っているからです。説明書きがないのでインターフェイスは文字が少なく、実にシンプルです。

これらはすべて、こうではなく：　　　　　　　　これだけにします：

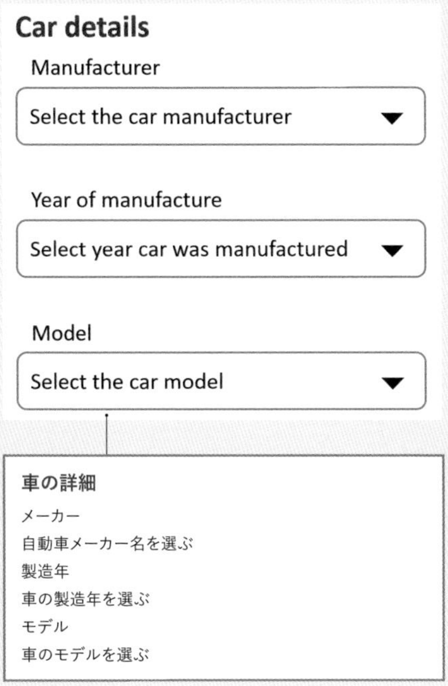

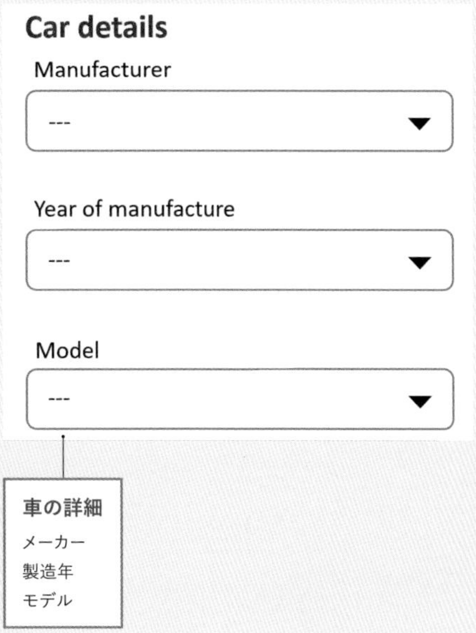

Car details

Manufacturer

| Select the car manufacturer ▼ |

Year of manufacture

| Select year car was manufactured ▼ |

Model

| Select the car model ▼ |

車の詳細
メーカー
自動車メーカー名を選ぶ
製造年
車の製造年を選ぶ
モデル
車のモデルを選ぶ

Car details

Manufacturer

| --- ▼ |

Year of manufacture

| --- ▼ |

Model

| --- ▼ |

車の詳細
メーカー
製造年
モデル

下図の入力フォームの言葉はここまで減らせます：

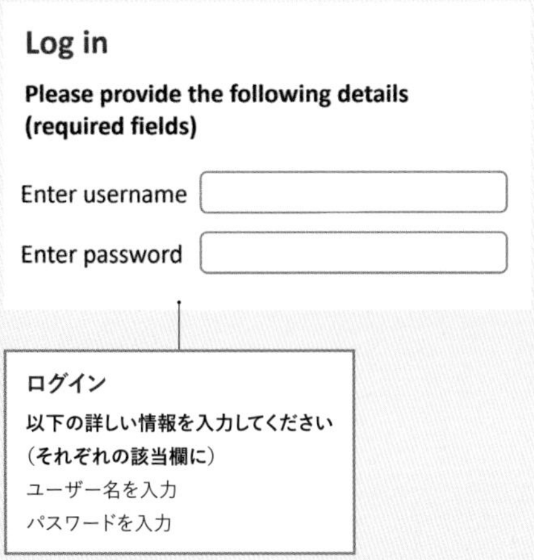

Log in

**Please provide the following details
(required fields)**

Enter username | |

Enter password | |

ログイン
以下の詳しい情報を入力してください
（それぞれの該当欄に）
ユーザー名を入力
パスワードを入力

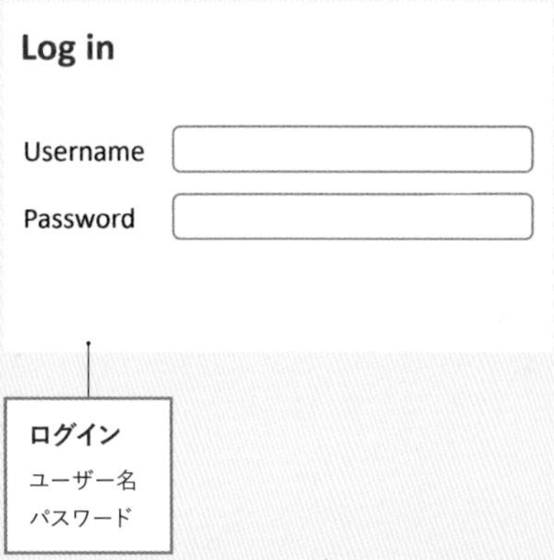

Log in

Username | |

Password | |

ログイン
ユーザー名
パスワード

（ただし、サイトの入り口のタイトルは、すでにお伝えした通り、もう少し歓迎の意を込め
て書きましょう）。

下図の例では、ボタン上部の指示は必要ありません。必要な情報はすべて、ボタン自体に書かれているからです：

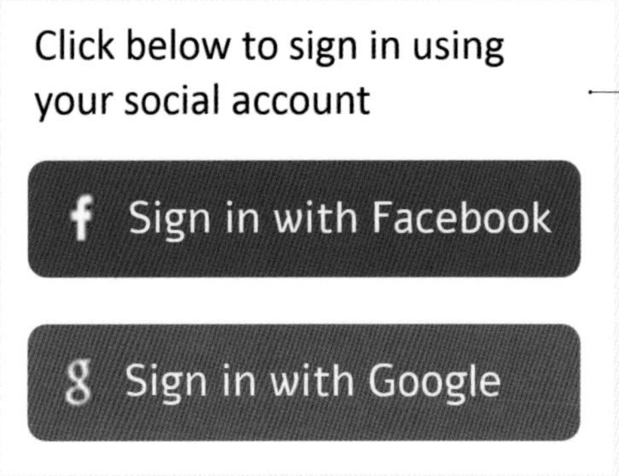

Click below to sign in using
your social account

f Sign in with Facebook

8 Sign in with Google

あなたのソーシャルアカウントを使ってログイン
するときは、以下のボタンをクリックしてください
フェイスブックでサインイン
グーグルでサインイン

説明の必要がある箇所

プロダクトのニーズに合わせて独自のインターフェイスを開発した場合、またはインターフェイスが比較的新しいタイプのものである場合は、使い方を説明するとよいでしょう。適切な場所に、すっきりと簡潔に、的確な指示を書いてください。

Examples

的確な指示が、まさに必要とされる場所にきちんと表示されるインターフェイスを紹介します。**インスタグラム**（Instagram）です：

"音声の再生は動画をタップ"

動画をタップして音声のオンとオフを切り替える方法は、（今はまだ）直感的な操作方法にはなっていません。インスタグラムが導入した方法ですから、すぐに普及するでしょうが、この一言がライティングされた時点では、これは直感的な方法とは正反対でした。私たちはユーチューブを使い慣れていて、そこでは動画をクリックすると停止するからです。

インスタグラムは、この機能を初めて導入したときに、すべての動画の下部にこの指示をいれました：

Instagram app（photo: Elazar Yifrah）

けれども時が流れ、この操作方法が普及すると、やり方が変わりました。操作の指示が表示されるのは、ユーザーがこのインターフェイスの使い方を理解していないと確信されるケースだけになったのです。たとえば、再生中の動画の音声が実際はオフになっているのに、ユーザーが音量を上げようとした場合などです。

音声の再生は動画をタップ

Instagram app（photo: Elazar Yifrah）

タイプフォームは、アンケート作成用の画面で独自のUIをデザインしています。ブロックと質問を結び付けるこの仕組みは、広く知られているわけではないし、見ればすぐわかるというものでもないので、彼らはビジュアル要素と言葉を使ってこの仕組みをわかりやすく伝え、ユーザーの操作をサポートします。

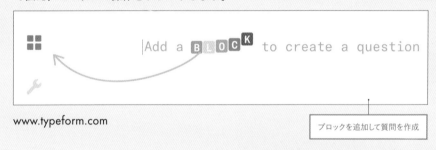

www.typeform.com

ブロックを追加して質問を作成

TIP 23

ユーザーが自分で自分を守れるように

ひとつのプロセスを途中で終了する、新しいウインドウを開く、入力した情報をすべて消すなどの操作でユーザーがインターフェイスの使い方を間違えると、何かしらの問題がユーザー自身に、またはプロセスに降りかかる恐れがあります。ですから、説明しなくてもわかるだろうと思える操作でも、目に付く場所にわかりやすく、指示を記しておかなければなりません。影響の大きい操作ほど、説明の重要性も増します。

TIP 24

気持ちの良い言い方をしましょう - 指示は指令ではありません

指示は、簡潔でわかりやすくなければなりませんが、何かを命令するような言い方は止めましょう。感じの良い、サービス志向の言葉を選んでください。ブランドのボイス＆トーン次第では、多少のユーモアを織り交ぜるのも一興です（ただし、わかりやすさを犠牲にしてはいけません）。

ウィートランスファーを初めて使ったとき、ファイルを転送しようとして、私は笑ってしまいしました。

ファイルをドラッグしてきたら、こう言われたからです―

ドロップ・イット・ライク・イッツ・ホット*
追加するファイルは、このウインドウ内なら、どこにでもドロップできます。
*熱々のポテトを素手でつまんでしまい、慌ててお皿にポイッと落とすような動作のこと。ヒップホップアーティスト、スヌープ・ドッグのヒット曲のタイトル（リズムに合わせて重心を落として踊るミュージックビデオで有名）と掛けている。

www.wetransfer.com

第15章 疑問に答え、知識のギャップを埋める

第16章

不安や懸念を軽減する

気付かないふりをしても、消えてはくれない

ユーザーが私たちを信頼してくれないとき、そこには数多くのもっともな理由があります。たとえば、ユーザーの前に現れる人々は皆、直接または間接に何かを売り付けたいだけかもしれません。料金が無料なのは今だけであり、すぐに支払いの必要が生じるかもしれません。メールアドレスを伝えてしまうと、スパムが殺到するかもしれません。どこかの大企業のデータベースがハッキングされ、クレジットカードやその他の個人情報が漏えいしたとのニュースが報じられることもあります。小さなウィジェットをダウンロードしたら、それ以外の余計なアイテムが3つも同時にダウンロードされてしまった、という話も聞きます。ですから、インターネットの世界で生き延びるためには、つねに警戒し、あちこちに疑いの目を向けなければなりません。

まだあなたのブランドのことをよく知らないユーザーに、あなたを信頼しなければならない理由はありません。信頼とは、努力の末に獲得するものです。そのためには何よりもまず、インターフェイスのすべてを、心情面と実用面の双方から、**真に**ユーザーの立場に立って作ることが必要です。その上で、あなたが信頼するに足る存在であるということを示していきましょう。彼らが抱く不安や懸念にはそれなりの理由があるのですから、見て見ぬふりをしてはいけません。あなたが彼らの心情を理解し、尊重していることをきちんと示し、何も心配せず任せてほしいと伝えましょう。

本章では、ユーザーの不安や懸念を呼び起こしそうないくつかの弱点を実例で紹介し、それらの克服の仕方を解説していきます。

不安#1：メールアドレスを教えること

メールマガジンの配信登録ページについて解説した章でお伝えした通り、ユーザーは自身のメールアドレスを教えることに対して、2つの大きな不安を抱いています。

a. メールが大量に送られてくるのではないか。
対策として、メールマガジンの配信頻度が適正であることをユーザーに確実に伝えておきましょう。さらに、購読を中止したくなったらクリックひとつでいつでも解約できるということも明記するとよいでしょう。

b. メールアドレス情報が第三者に提供され、そこからスパムがひっきりなしに届くようになるのではないか。
この不安を取り除くためには、ユーザーのメールアドレス情報を他者には提供しないことを約束し、ユーザーの個人情報を保護することは、あなた自身にとっても重要だと伝えることが必要です。

Examples

第5章でも、メールマガジンの配信登録フォームの事例を多数取り上げ、さまざまなマイクロコピーを紹介しています。そちらもご参照ください。
メトロMSPは、ニュージャージー州北部でITサポート事業を行う会社です。彼らはユーザーに、スパムを送らないことだけでなく、スパムは許容できないとの見解も伝えます。

Important! We hate spam as much (or more!) than you and promise to NEVER rent, share, or abuse your e-mail address and contact information in any way.

> **重要!**
> 私たちは、あなたと同じく（またはあなた以上に!）、スパムは一切お断わりです。あなたのメールアドレスや連絡先情報の貸与、共有、悪用は、決してしないと約束します。

www.metromsp.com

魔法の接着剤との謳い文句で知られる**スグル**（Sugru）の支払いフォームには、ユーザーにメールマガジンの定期購読をオファーするチェックボックスがあり、その隣にメッセージが表示されます。メールマガジンの配信頻度を伝え、スパムを送らないことを約束する内容です。

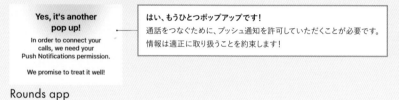

We'll email about twice a month with the latest Sugru fixes, special offers and other things you might like. We'll never send you spam. Promise.

メールマガジンは、月に2回の目安で発行します。スグルの商品に関する最新情報や特別オファーなど、興味深いコンテンツが満載です。スパムは決して送りません。約束します。

www.sugru.com

プッシュ通知は迷惑メールとして処理されることがあるので、プッシュ通知の許可を得るときに、対策を講じておくのが賢明です。ラウンズは、許可を得るときに、メールアドレスの適正な取り扱いを約束します。

Yes, it's another pop up!

In order to connect your calls, we need your Push Notifications permission.

We promise to treat it well!

はい、もうひとつポップアップです！
通話をつなぐために、プッシュ通知を許可していただくことが必要です。情報は適正に取り扱うことを約束します！

Rounds app

不安#2：特別な個人情報を提供すること

近年は、生年月日、電話番号、性別、住所などの個人情報に対する人々の警戒心が高まり、どうしても必要な場合以外は、どんな情報も提供したがらない人が増えています。この種の情報を提供するよう頼まれると、彼らは懐疑的になり、**何のためにその情報が必要なのか**と問わずにはいられません。私たちはその問いに、きちんと答えを返す必要があります。

a. それが**入力必須項目である場合**は、そのような詳しい情報を必要とする理由を説明し、ユーザーの個人情報の保護を保証します。

b. それが**任意項目である場合**は、その情報が何に**役立ち**、それが**彼らに**どのような利益をもたらすかを説明します。

Examples

テスコのサイトの決済画面では、電話番号の入力欄にカーソルが置かれるとツールチップが表示され、電話番号を尋ねる目的が説明されます。その言葉は、他の目的にはこの情報を使わないとの約束を兼ねているので、ユーザーの不安は一掃されます。シンプルで完璧です。

We will only contact you with questions relating to your order. ← あなたの注文に関する問い合わせが必要な場合のみ、この番号に連絡します。

www.tesco.com

マンデードットコムの電話番号入力欄は任意項目ですが、彼らはこの情報が今後ユーザー自身にとってどう役立つかを伝え（必要なときに即座にサポートが得られる）、決してスパムには利用されないと保証します。

Phone		(Optional)

We'll only use this to provide immediate support. We'll never spam you!

電話番号
即時のサポートを提供する目的にのみ使用します。スパムは一切ありません！

www.monday.com

アクセサリーブランド、**クレアーズ**（Claire's）は、プライバシーの問題を十分に理解していることを伝え、なぜ個人情報を入手しなければならないか、そしてその情報が何に役立つかをわかりやすく説明します。

会員登録ページでは、こう保証します：

Claire's does not share or sell personal info. ← クレアーズは、個人情報を共有または譲渡することはありません。

電話番号を尋ねる欄では、なぜこの情報が必要かという、よくある質問に答えます。けれどもこれは、もっと短い言葉で上手に言えそうです。たとえば：*配達時にのみ必要です。それ以外には使われません。*

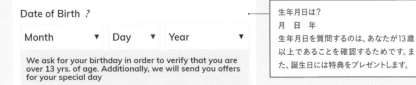

Phone Number *

Why is this required?

Example: 01222 555 555

This phone number is required in the event the shipping partner needs to arrange a delivery time with you.

電話番号

なぜこの情報が必要か?

例：01222 555 555

この電話番号は、配達業者が配達時間をあなたと相談する場合に必要です。

生年月日の入力欄では、上記の2通りのメッセージを併記します：なぜこの情報を入手しなければならないか、そしてこの情報がユーザー自身にどのような利益をもたらすかです。

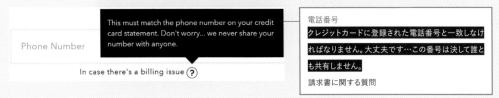

Date of Birth ?

Month ▼ Day ▼ Year ▼

We ask for your birthday in order to verify that you are over 13 yrs. of age. Additionally, we will send you offers for your special day

生年月日は?

月　日　年

生年月日を質問するのは、あなたが13歳以上であることを確認するためです。また、誕生日には特典をプレゼントします。

www.claires.com

アメリカンイーグルは、電話番号が何のために必要かを説明し、他者と共有しないことを約束します。さらに、エラーの発生を防ぐ対策として、この番号はクレジットカードに登録された番号と一致しなければならないと伝えます。

This must match the phone number on your credit card statement. Don't worry... we never share your number with anyone.

Phone Number

In case there's a billing issue ?

電話番号

クレジットカードに登録された電話番号と一致しなければなりません。大丈夫です…この番号は決して誰とも共有しません。

請求書に関する質問

www.ae.com

レンタカー会社がユーザーに年齢を確認する理由ははっきりしていますが、不慣れなユーザーのために、**ヨーロッパカー**（Europcar）は丁寧に説明します。

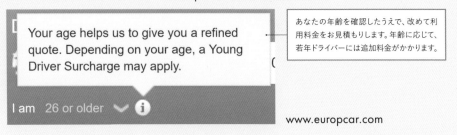

Your age helps us to give you a refined quote. Depending on your age, a Young Driver Surcharge may apply.

I am　26 or older ∨ ⓘ

あなたの年齢を確認したうえで、改めて利用料金をお見積もりします。年齢に応じて、若年ドライバーには追加料金がかかります。

www.europcar.com

ピンタレストは、性別を尋ねる理由を説明したのち、カスタムジェンダーの入力欄も提供します。

How do you identify?
Your answers to the next few questions will help
us find the right ideas for you.

○ **Female**

○ **Male**

● Enter custom gender

www.pinterest.com

あなたの性別は?
以下のいくつかの質問への答えは、あなたにぴったりのアイデアを見つけるのに役立ちます。
女性
男性
カスタムジェンダーを入力

ビメオは、性別ではなく代名詞を尋ね、続いて質問の意図を書き添えます。

Pronouns
Help us call you by the proper pronouns.

○ She/her   ○ He/him   ○ They/them   ○ Rather not say

www.vimeo.com

代名詞
あなたに相応しい代名詞で呼び掛けたいので、教えてください。
彼女／彼女の、彼／彼の、彼ら／彼らの、言いたくない

下図は、ファッションブランド、**ブーフー**（boohoo）のサイトの入力欄です。どちらの項目も任意なので、彼らはこの情報がユーザーにもたらすメリットを伝えます。

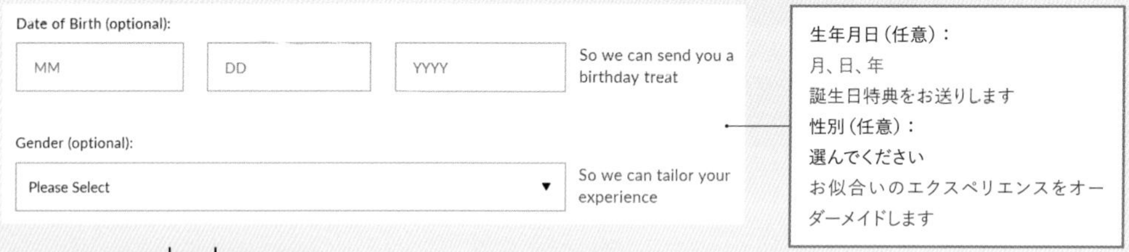

Date of Birth (optional):

| MM | DD | YYYY |

So we can send you a
birthday treat

Gender (optional):

Please Select ▼

So we can tailor your
experience

www.boohoo.com

生年月日（任意）：
月、日、年
誕生日特典をお送りします
性別（任意）：
選んでください
お似合いのエクスペリエンスをオーダーメイドします

不安#3：ソーシャルメディアのアカウントを利用する会員登録

会員登録フォームの章（第4章）で述べた通り、ソーシャルメディアを利用する会員登録方法はかなり普及してきましたが、まだこれを不安に思うユーザーもいるので、以下のことをユーザーに約束することが大切です：

a. 彼らの名前で投稿することはない。
b. 彼らの情報を第三者に渡すことはない。

Examples

第4章でもいくつかの事例を紹介しています。ご参照ください。注意していただきたいのは、ほとんどのサイトが、上記の項目aに触れるだけであることです。それは適切ではありません。項目bも大変重要です。

新鮮な食品のデリバリー事業を展開する**マンチェリー**（Munchery）は、無断の投稿がないことを約束します。

フェイスブックで会員登録　　自動投稿は一切なし

www.munchery.com

ユーザーの秘密を守らなければならないサイトでは、秘密厳守の約束が二重の意味で重要です。下図は、出会い系サイト、**イーハーモニー**（eHarmony）の登録画面です。

フェイスブックで続ける　　決して、絶対に、何も投稿しません

www.eharmony.com

転職・求人アプリ、**スイッチ**（Switch）では、リンクトインのアカウントを使ってレジュメ（職務経歴書）をアップロードすることができます。

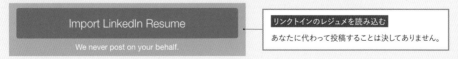

リンクトインのレジュメを読み込む
あなたに代わって投稿することは決してありません。

Switch app

不安#4：決済のセキュリティ

オンラインでの支払い手続きは、特に心配事が付きまとうプロセスの代表例だと言えるでしょう。何より気掛かりなのは、言うまでもなく、クレジットカード情報が安全に守られるかどうかです。ユーザーがショッピングカートから決済ページに移動するためのボタンや支払いフォームそのものにメッセージを入れ、ユーザーが抱くこの不安を事前にすくい上げて、きちんと解消しておくことは、とても大切です。

Examples

エアビーアンドビーは、セキュリティに関する不安を解消することが必要な箇所を正しく特定し、そこにツールチップを配置しています：つまり、クレジットカード番号の入力欄です。

> カード番号
> あなたのクレジットカード情報は、私たちの安心決済システムで暗号化されます。

www.airbnb.com

ヨーロッパカーは、セキュリティ上の理由から顧客はレンタカーに実際に乗車する時点での支払いを好むだろうと考え、以下のように明記します。

> **乗車時に支払い**
> このサイトはセキュアなサーバーを利用しており、あなたの情報はすべて暗号化されます。

www.europcar.com

支払いフォームの最上部でこう告げるのは、**メイシーズ**（Macy's）です：

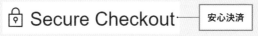

> 安心決済

www.macys.com

H&M は支払いフォームにこう明記します：

 All data will be encrypted ← すべてのデータは暗号化されます

www.hm.com

これは、**マークス＆スペンサー**（Marks and Spencer）のカート画面のボタンです。彼らは、手続きを続行して商品を購入するかどうか、あるいはこのボタンをクリックするかどうかを思案中のユーザーにメッセージを届け、一番の不安要素を解消します。もちろん、セキュアな決済、とのメッセージです。

Checkout securely ← セキュア決済

www.marksandspencer.com

こちらは、ファッションブランド、**ロキシー**（Roxy）のショッピングカート画面のボタンです：

SECURE CHECKOUT ← 安心決済

www.roxy.com

TIP 25　送料を払うのは誰?

オンラインショッピングでユーザーがもうひとつ気にするのが、送料の問題です。負担するのは誰でしょうか？　料金はいくらでしょうか？　商品が期待に添わなかった場合、どういう方法で返品し、その返品送料は誰が負担するのでしょうか？購入プロセスの最初の段階で、これらすべての疑問にはっきりと答え、ユーザーの不安や迷いを取り除きましょう。

不安#5：無料トライアル

無料トライアル期間に会員登録をするユーザーが一番不安に思うのは、その期間が終了したらすぐに課金されるのではないかという点です。この問題の解決策も、いつも通りシンプルです。その心配はないと、はっきり伝えましょう。

会員登録プロセスの冒頭で、ここには詳しいクレジットカード情報は必要ない（つまり課金されることはあり得ない）と約束するとよいでしょう。

クレジットカード情報を必要とする場合は、ユーザーが確実に許可をしない限り決して何らかの料金を請求することはないと約束します。

Examples

ポップティン（Poptin）は、ポップアップ作成ツールです。スポティファイは…そう、あのスポティファイです。

CREATE YOUR FREE POPTIN
No strings attached. No credit card required.

ポップティンの無料アカウントを作成
入力フォームは使いません、クレジットカードは要りません

www.poptin.com

Millions of songs. No credit card needed.
GET SPOTIFY FREE

豊富な楽曲。クレジットカード不要。
スポティファイの無料アカウントを取得

www.spotify.com

グーグル・クラウド・プラットフォームは、クレジットカード情報の提供を依頼しますが、こう約束します。

No autocharge after free trial ends
We ask you for your credit card to make sure you are not a robot. You won't be charged unless you manually upgrade to a paid account.

無料トライアル期間終了後のオートチャージはなし
クレジットカード情報の提供をお願いするのは、あなたがロボットではないことを確認するためです。マニュアル操作で有料アカウントに登録更新しない限り、課金されることはありません。

cloud.google.com

不安#6：入力値や設定の内容

ひとつのプロセスに取り掛かるとき、総じてユーザーは、作業が簡単に片付くことを期待します。どこかで何かを真剣に考えなければならないことがわかると、中には作業を中断し、後回しにしてしまうユーザーもいます。もっと時間に余裕があるときにやろうと考えるからです。そうなることを防ぐために、ユーザーの意向次第で入力値は後からいつでも変更できると説明しておきましょう。そうすればユーザーは、その入力値にこの先ずっと責任を持たなければと思わずに済み、余計な心配をせず、すぐに操作を進めることができます。

Examples

オンライン講座を新設するときに、講座の名称を最後の最後まで決めかねる人は少なくありません。**ユーデミー**はその気持ちを理解しながらも、ユーザーの作業が遅滞することは望まないので、仮称を入力できるようにし、悩めるユーザーにそれをわかりやすく伝えます。

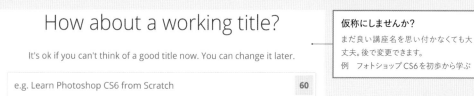

仮称にしませんか？
まだ良い講座名を思い付かなくても大丈夫。後で変更できます。
例　フォトショップCS6を初歩から学ぶ

www.udemy.com

タンブラーは、ユーザー名が設定しづらいという理由で登録作業が遅れることをできるだけ防ごうと考えました。解決策は、たくさんのおかしな名前の提案です。そして、名前はいつでも簡単に変更できると約束します。

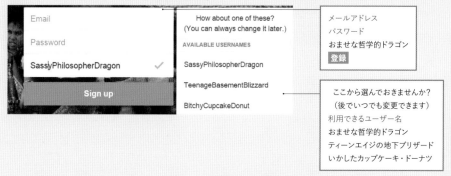

メールアドレス
パスワード
おませな哲学的ドラゴン
登録

ここから選んでおきませんか？
（後でいつでも変更できます）
利用できるユーザー名
おませな哲学的ドラゴン
ティーンエイジの地下ブリザード
いかしたカップケーキ・ドーナツ

アンケートフォーム作成サービス、**タイプフォーム**のテンプレートは、ユーザーが個別にカスタマイズできますが、時間が経てばニーズはおそらく変化するとの認識から、こう伝えます：

> For personalized templates, tell us what you do.
> You can come back and change this later.

www.typeform.com

テンプレートのカスタマイズについて、ご希望をお伝えください。
いつでも戻って変更できます。

TIP 26

努力は報われる！

一連のプロセスの中に、ユーザーが多少の手間をかけなければ実行できない作業が含まれていると、それが任意か必須かにかかわらず（写真をアップロードする、アドオンをインストールする、自身についてちょっとしたコメントを書くなど）、多くのユーザーはその作業を飛ばして先に進もうとします。

そんなときに、ちょっとしたライティングが役立ちます。なぜその作業が彼らのためになるか、彼らにどんな利益がもたらされるかを言葉にします。彼らがあなたのサイトを訪問した元々の理由に立ち返ってもらい、この一手間が彼らを目標に近づけるのだと伝えましょう。

たとえば**フェイスブック**は、作成したプロファイルに写真をアップロードするよう勧めるにあたり、そうすれば友人が簡単にあなたを見分けて連絡できると言い添えます。そうやってつながり合えることにこそ、人々がフェイスブックを利用する理由があるからです。

> **Your profile picture**
> Choose a recent photo of yourself. This helps people to see that they're getting in touch with the right person.
>
> Learn more   Skip   OK

あなたのプロフィール写真
あなたの最近の写真を選んでください。写真を見れば、知り合いは間違いなくあなたであるとわかり、連絡を取ることができます。
さらに詳しく　　**スキップ** OK

www.facebook.com

不安#7：ダウンロードまたはインストール

ダウンロードやインストールに関するユーザーの最大の不安は、目的のプロダクトと一緒に、絶対に手に入れたくないプロダクトが付いてきてしまうことです。つまりウイルス、スパイウェア、不要なツールバー、ワームなどです。ですから、ダウンロードを伴うプロセスではウイルスフリーであることを保証し、目的のプロダクト以外のものはインストールされないことを伝えましょう。

Examples

ダウンロード・ドットコムは、こういう言い方をします：

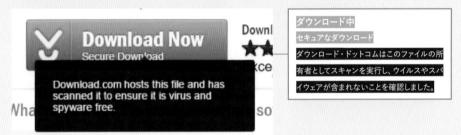

ダウンロード中
セキュアなダウンロード
ダウンロード・ドットコムはこのファイルの所有者としてスキャンを実行し、ウイルスやスパイウェアが含まれないことを確認しました。

www.download.com

ラウンズ（Rounds）は、GoogleChrome用のアドオンをダウンロードする前に、シンプルにこう告げます：

100% フリー
スパイウェアなし
アドウェアなし
ウイルスなし

www.rounds.com

第17章

エラーやトラブルを防止する

本章の内容 ・マイクロコピーで簡単に予防できる5つの問題

5つの予防策

第7章では、エラーメッセージの書き方を考察しました。エラーメッセージの役割は、ユーザーがすぐに操作の続きに戻れるよう助言を与え、厄介な状況を何とか立て直していくことにあります。けれども、最初からエラーを防ぐことができれば、その方が良いに決まっています。本章では、エラーを発生させ、ユーザーのやる気を失わせる恐れのあるいくつかの弱点を順に考察していきます。プロセスを設計する側のあなたには、全体像が見え、システムが処理できる入力値と、エラーになってしまう入力値のことがわかります。あなただけが、次の画面または次の段階で何が起きるかを予想できるのですから、ユーザーに何をするべきかを伝え、エラーやトラブルに巻き込まれないよう予防する責任はあなたにあります。

やるべきことはひとつです。入力フォームとプロセス全体を再点検し、弱点を見つけ出し（詳しくはこれから解説します）、ほころびが生じそうな箇所に適切な助言を書き添えましょう。

予防策#1：入力必須項目

もっとも不必要で、ユーザーに見せるべきではないのが、"この欄は必須項目です"という
エラーメッセージです。入力必須項目には、必須という事実をはっきりと、わかりやすく、
間違える余地のないよう、なおかつ命令口調を避けて伝えましょう。

アスタリスクを使うと、うまく処理できます。すべての入力欄にこの記号を付ける必要が
あっても、それでかまいません。下図のスクリーンショットはその一例です。

いくつかの調査では、ユーザーはアスタリスクを目障りに思うと報告されています。それ
なら、入力フォームの最上部に、すべての入力欄が必須項目だと明記する方法もあります。
そして、必須ではない項目だけに"任意項目"と書き添えます（さらに、それらを任意にし
ておく必要が本当にあるかどうかを問い直します。情報は少なければ少ないほど、ユーザー
の入力完了率は高まります）。

いずれにしても、曖昧な部分が一切残らないようにしましょう。あなたが決めたルールを、
ユーザーが自力で読み解かなければならないような状況は避けるべきです。とにかくわか
りやすく明示してください。

Examples

マスケティア（Musketeer）は、非常時に人々が互いに助
け合えるよう開発されたアプリであり、会員登録フォーム
は極めてシンプルで明快です。アスタリスクは必須項目を
表すという一言さえ、ここには必要ありません。見ればす
ぐにわかります。

Musketeer app

ウォルマートは、アスタリスクと“任意”という断り書きを組み合わせています。これなら一目瞭然です。

First name*

Last name*

Phone number* (Ex: (202) 555 - 0115)

Email address for order notification*

Street address*

Apt, suite, etc (optional)

City*

San Bruno

State*

California ▼

ZIP Code*

94066

www.walmart.com

名	番地
姓	ビル名、マンション名
電話番号	など（任意）
注文通知用の	都市名、サンブルーノ
メールアドレス	州名、カリフォルニア
	郵便番号、94066

マークス＆スペンサーは、別の方法で、入力が必須であるという事実を伝えます。ユーザーがボタンにマウスオーバーした時点で（クリックよりも前に）ツールチップを表示し、どのような情報を入力しなければならないかを伝えるのです。この方法でも、結果的にエラーメッセージを防ぐことができます。

Please select a colour or size

add to bag

色またはサイズを選んでください
ショッピングバッグに追加

www.marksandspencer.com

第 **17** 章　エラーやトラブルを防止する

予防策#2：記号や特定の書式

入力するべき値に、特定の記号（ダッシュ、スラッシュ、文字と数字の組み合わせなど）が含まれる場合や、何通りかの書き方が考えられる場合（日付、電話番号など）は、記号もタイプ入力するべきなのか、あるいはどの書式が合っているのか、ユーザーには判断がつきません。もちろん、中には問題があること自体に気付かない人もいるでしょう。そのようなユーザーは、何も迷うことなく、単に自分が正しいと思えるやり方で入力します。

システムが入力値の書式にはこだわらず、ユーザーがどんな風に入力してもそのデータを扱えるなら、それが理想です。そのようなシステムを作ることに成功したのなら、何の説明も要りません。

けれども、システムが特定の書き方で入力された値しか受け取れないなら、ユーザーが入力をし始める前に正しい書き方を明示し、エラーを回避しなければなりません。

Examples

下図は、インターフェイスそのもので問題を解決した例であり、入力が簡単です。

ジアイドルマン（The Idle Man）の入力フォームには、年月日の入力欄が個別に設けられているため、ユーザーはピリオドやスラッシュについて悩む必要がありません。個々の入力欄の下には、正しい桁数を伝える頭文字が並びます。日と月は2桁、年は4桁です。

www.theidleman.com

これは、銀行口座を**ペイパル**のアカウントに登録するときの画面です。入力欄がフォーカスを得ると、その下に書式に関する指示が自動的に表示されるので、ユーザーは正しい情報を確実に入力できます。

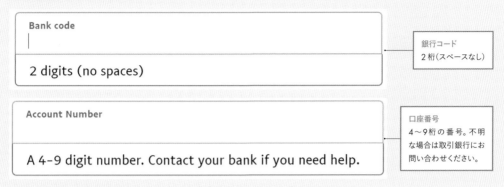

Bank code

2 digits (no spaces)

銀行コード
2桁（スペースなし）

Account Number

A 4-9 digit number. Contact your bank if you need help.

口座番号
4〜9桁の番号。不明
な場合は取引銀行にお
問い合わせください。

www.paypal.com

同じくペイパルで、クレジットカードを登録するときは、プレースホルダーに、書式に関する指示が加わります。
入力操作を始める前は、こうです：

Expiration date

有効期限

ユーザーが入力欄の内側をクリックすると、こう変化します：

Expiration date
mm/yy

有効期限
mm（月）/ yy（年）

www.paypal.com

予防策#3：サイズや範囲、長さの制限

ある種の入力欄では、入力値に制限が設けられます。たとえば数や回数の範囲が指定されたり、アップロードできるファイルの文字数やフォーマット、サイズが制限がされるなどのケースです。そのような場合はまず、受理されない値の入力を防ぐのに有効なUX手法があるかどうかチェックしましょう。具体例としては、カレンダーで日付をグレーアウトする方法や、文字数が上限に達したら文字入力機能をオフにする方法などがあります。

それでもやはり、制限事項はきちんと明記することが大切です。そうすればユーザーは、避けられたはずのエラーにつまずいたりせず、なぜそれらのオプションが利用できないかを理解することができます。注意点として、入力値に関する制限事項を、入力欄の中にプレースホルダーとして表示するのは止めましょう。ユーザーが文字を入力し始めると、プレースホルダーは消えてしまい、読み返して内容を確認することができなくなるからです。

Examples

Okキューピッドは、画像ファイルの最小サイズを伝え、さらにちょっとした重要な指示を添えます…

Photos need to be larger than 400 x 400px and you need to be in the photo. Also, no naughty bits!

写真の大きさは400×400ピクセル以上とし、あなたが写っているものを使ってください。ただし、あまり挑発的な写真は控えて！

www.okcupid.com

写真付きで料理レシピを紹介するサイト、**フードゴーカー**（Foodgawker）は、入力値の上限をプレースホルダーで伝えます。また、文字数に制限のある入力欄では、個々の欄の外側に、残りの文字数をカウントダウン方式で表示します。ですからユーザーはすぐに、あと何文字使えるかを確認することができます。

www.foodgawker.com

タイトル（最長35文字）
説明（最長140文字）
タグ（10個まで、カンマで区切る）

予防策#4：パスワード

パスワードに関しても、（セキュリティ上の特別な要件がない限り）特に制限を設けず、ユーザーがいつも使っているパスワード、または簡単に思い出せるパスワードをそのまま使ってもらえるなら、何も問題はありません。その場合は当然、何かを指示する必要もありません。また、パスワードの文字数の制限が4〜60文字以内など、かなり範囲が広い場合も、おそらくほとんどがこの枠内に収まるので、注意書きは必要ないでしょう。

けれども、パスワードの作成方法に関してある程度の規定があるなら、それを明記しなければなりません。入力欄のすぐ後ろ（または、スクリーンリーダーのユーザーのことを考えに入れて、入力欄の上か、ラベルの隣）にメッセージを入れるか、ラベルの隣に感嘆符のアイコンを配置するか、または入力欄がフォーカスを得たときにツールチップを表示する方法が良いでしょう。

できれば、ユーザーがパスワードのタイプ入力（インライン入力）を正しく完了したらすぐに、そのパスワードが認証されたことを伝えてください。さらに、個々の制限事項について、条件が満たされるたびにチェックマークを表示すると効果的です。いずれにしても、制限事項をプレースホルダーとして入力欄の中に表示する方法は避けましょう。ユーザーが文字を入力し始めるとすぐに情報が消えてしまい、彼らの短期記憶に負担を強いるからです。

パスワードに関するマイクロコピーを書くときは、個々の状況に応じて、以下の条件を明示しましょう。

- 文字数（最少数を指定、範囲を指定、または厳密に数を特定）
- パスワードに含めなければならない文字の種類（大文字を1文字以上など）
- パスワードに含めることができない文字（？ - ”などの記号）。これは、肯定的な言い方も可能：“アルファベットと数字だけ”。
- ケース・センシティビティ（大文字と小文字の区別）

Examples

アメリカンイーグルは、パスワードの設定条件を2つだけ設け、実にすっきりと明示します。マイクロコピーではこのように、文章を最初から最後まですべて書く必要はありません。つまり、パスワードには…が含まれなければなりません、と書く必要はなく、要点以外は省略して言葉を減らします。ユーザーがさっと目を通すだけですぐに制限事項を理解できる書き方を見つけましょう。

www.ae.com

ユニクロも、制限事項を入力欄の下部に明記します（ただしこれは、箇条書きの方が見やすいのでは？）。

www.uniqlo.com

イスラエルのTV番組制作会社、**Yes**は、ユーザーがパスワードの入力欄にカーソルを置くと、ツールチップで設定ルールを伝えます。複数の項目が画面に持続的に表示され、条件が満たされた項目にはチェックマークが付きます。上出来です！

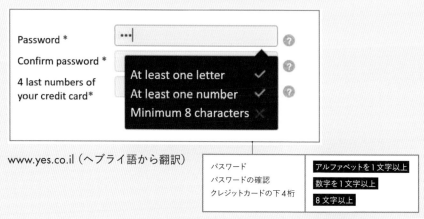

www.yes.co.il（ヘブライ語から翻訳）

予防策#5：実世界で発生する問題

ユーザーエクスペリエンスは、ユーザーがそのデジタルプロダクトから離れた時点で終わるのではありません。ユーザーとブランドとの接点がどこかに存在する限り、ずっと続きます。ひとつのプロセスが、オンラインから実世界へと引き継がれ、実世界で現実的な対応が続けられていく場合もあります。たとえば証明書の発行、文書の印刷、配送品の受け取りなどです。そのような場合は、実世界で行われる作業をひとつずつ検証し、どこかに問題が発生する可能性がないかどうかチェックしましょう。今すぐあなたがユーザーに注意を促して防止するべき問題があるかもしれません。

それが、あなたには力の及ばない問題である場合も、問題が起こる可能性をユーザーに伝えておけば、彼らは受け取ったサービスの内容に納得し、あなたがユーザーの立場に立ってあらゆる物事に目を配っていることを実感してくれるでしょう。中には感謝の意を伝えてくれる人もいるかもしれません（少なくとも喜んではくれるでしょう）。

Examples

ファッションブランド、**ベル＆スー**（Belle and Sue）は、商品の発送を、通常の営業時間帯にのみ行います。けれども彼らが営業時間内なら、当然ながら、顧客もほとんどが仕事中です。ベル＆スーはそのことを考慮し、顧客が注文手続きに取り掛かるとすぐに、建設的な解決策を提案します。

2   Shipping options

◯ In-store pick-up

◯ Certified mail

◯ Delivery

Your order will be delivered between 09:00 – 17:00, on workdays, so if you like, you can provide your office address.

> 配送オプション
> 店舗受け取り
> 配達証明郵便
> 指定先に配達
> ご注文の商品は、当社営業日の9:00
> ～17:00に発送されます。あなたの
> 勤務先への配送をご希望の場合は、
> 勤務先の住所をお知らせください。

www.belleandsue.co.il（ヘブライ語から翻訳）

QRコードジェネレータは、マージン（余白）を設けるかどうかの判断をユーザーに委ねますが、そこで終わりにせず、マージンを設けないと判断したユーザーに追加情報を提供します。マージンのないQRコードをプリントする際は、正確に読み取れるよう、明るい背景色を用いることが必要との情報です。同社がプリントに関する情報をこうして提供するのは、顧客がこのサイトを離れた後、どのようにQRコードを活用するかを調査した結果です。

QR Code readers require a white margin to detect QR Codes. So make sure to print it on a light background instead.

QR コードリーダーで QR コードを検出するためには、白いマージンが必要です。マージンのないコードは、プリントの際に、必ず明るい背景色を用いてください。

www.the-qrcode-generator.com（Powered by Visualead）

マーマレードマーケット（Marmalade Market）は、エッツィのイスラエル版のようなサイトであり、幅広いアイテムを取り扱っていますが、多くは希少な一点物か手作り品なので、注文に関しては混乱が生じやすい傾向があります。そこで彼らは、顧客と売り手の間にトラブルや誤解が生じることを防ぐため、プレースホルダーを活用して、ショップオーナーへの詳しいメッセージを記入することを提案し、説明しておくと役立つ情報を例示します。

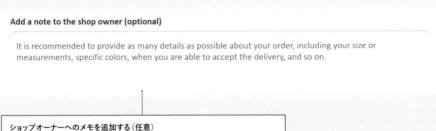

market.marmelada.co.il（Design: Say Digital | ヘブライ語から翻訳）

ペキンザハラ（Pekin Zahala）は、テルアビブのレストランです。彼らの顧客には、パクチー嫌いの人と、ピーナッツ・アレルギーを持つ人が多く、デリバリーでこの2種の食材を使ったメニューを届けると、もめ事が起こる恐れがあるようです。おそらく過去に、配達されたメニューにこれらの食材のいずれかが含まれていることを知った顧客が腹を立て、この店に悪い評価を付けたことがあったのではないでしょうか（これらの食材のことは、メニューにはっきり記載されているのですが）。ですから今は、オンラインでデリバリーを注文したときに、それがパクチーかピーナッツを含むメニューである場合は、特別な注意書きが赤で表示されます。

Heads up! This dish contains cilantro and peanuts. Can you live with that?

Select one	▾

- Select one -

Yes, that's OK, I know

Cilantro is OK, but no peanuts please

Peanuts are OK, but cilantro is definitely a no-no!

Phew, thanks for saying. No peanuts and no cilantro!

> 注意！　このメニューにはパクチーとピーナッツが含まれています。食べられますか？
> ひとつ選んでください
> **- ひとつ選んでください -**
> はい、OKです、だいじょうぶです
> パクチーはOKですが、ピーナッツは抜いてください
> ピーナッツはOKですが、パクチーはどうしても苦手です！
> ああ、教えてくれてありがとう。ピーナッツもパクチーもなしで！

www.pekin.co.il（ヘブライ語から翻訳）

これは、ひとつのプロセスを全体として捉えるホリスティック思考の好例です。こうすればユーザーが、質の悪いサービスだったという印象を抱いて失望することはありません。さらに、状況を明るく楽しむような言い方を工夫すれば、すべてのユーザーに良質なエクスペリエンスを提供することができます。

第18章

マイクロコピーと
アクセシビリティ

* 本章は、UX デザイナーであり AUX のエキスパートであるロテム・ビンハイムが執筆を担当しました（AUX とは、Accessible User Experience の略。ユーザーエクスペリエンス［利用者体験］をアクセシブルにしようという考え方）。

<u>本章の内容</u>　　　　・アクセシブルなマイクロコピーを書くための 7 つのガイド
　　　　　　　　　　　　ライン

万人のためのマイクロコピー

良質で有益なエクスペリエンスを提供するマイクロコピーと、フラストレーションを感じさせてしまうマイクロコピーとの違いは紙一重です。結果の良し悪しを決めるのは、まさに必要とされる箇所に表示される、たったひとつの言葉やクイックヒントだけかもしれません。**画面を見ることが困難な人、またはまったく見ることができない人のためのアクセシブルなマイクロコピーについて考える場合は、そのわずかな違いの意味が倍に膨らみます。**

けれども、心配は要りません。これから紹介する簡単な7つのガイドラインに従えば、必ず彼らのために役立つマイクロコピーを書くことができます。ただし、ライターの大半は、実際に製品を形にする仕事はしませんから、このガイドラインは、私たちだけが理解すればよいものではありません。当然ながら、**プロダクトマネージャー、UXデザイナー、ビジュアルデザイナー、製品開発担当者**等も、これらの原則を十分に理解することが重要です。

あなたのマイクロコピーをスクリーンリーダーで
読み上げるとどうなるか？

視覚障害者は多くの場合、ウェブサイトをブラウズしたりアプリを利用したりする際に**スクリーンリーダー**を使います。スクリーンリーダーでのナビゲーションには、マウスではなくキーボードを使います（ユーザーは画面上のカーソルを見ることができないからです）。タブまたは矢印キーを押すと、そのたびにスクリーンリーダーはひとつ先のエレメントに進みます。その順番は、**上から下、左から右**が標準ですが、開発時に設定された優先順位があれば、それに従います。こうした要領で、スクリーンリーダーはフォーカスを得たエレメントをひとつずつ音声で読み上げ、リンク、ボタン、画像があれば、それらを識別します。

ですからスクリーンリーダーを使う人々は、画面上の情報の全体像を知ることはないし、近接する要素同士の位置関係などもわかりません。個々の構成要素を、個別に認識していくだけです。

私たちはどのようなマイクロコピーを書けば、スクリーンリーダーに対応できるでしょうか？　一緒に考えていきましょう。

1、上から下、左から右の順で考える

今お伝えした通り、キーボードを使ってウェブサイトを読み進めるときの順番は、上から下、左から右です（戻るときも、このまま逆方向です。また、書字方向が右から左に進む言語圏では、もちろんその順番になります）。

順番が決まっているのですから、ユーザーがタスクを完了できるようサポートしたり、エラーの発生を防いだりするためのマイクロコピーは、**実際の行動よりも前**に読まれるよう配置しなければなりません。

たとえば下図のフォームでは、まず入力欄のラベル（"パスワード"）が読み上げられ、次のタブに進んだらユーザーはパスワードを入力します。けれども彼らは、パスワードを作成する時点では、入力欄の下に設定条件（6文字以上、その中に数字を1文字以上含めること）が書かれていることがわかりません。スクリーンリーダーは、まだその場所に到達していないからです。そうなるとユーザーは、まずパスワードを設定し、その後でパスワードの設定条件を知ることになるため、場合によってはいったん戻って、条件に合うようパスワードを設定し直さなければなりません。

次の事例では、スクリーンリーダーのユーザーは、右端に追加情報があることを知らない状態でドロップダウンリストに到達してしまいます。彼らは、誰もがそうであるように、なぜ誕生日を聞かれるのかと疑問を抱きますが、入力欄の後ろのツールチップにその答えがあることはわかりません。この個人情報を提供するべき理由がわからなければ、彼らはこの質問をスキップしてしまうかもしれないし、タスクそのものを中止してしまうかもしれません。

この問題を解決するためには、ラベルのすぐ後ろ、つまり入力欄より前に情報を配置することが必要です。**アクセシビリティを高めるための、各種要素の配置順は、次の通りです：**

ラベル>説明文>入力欄

フェイスブックのやり方はこうです：

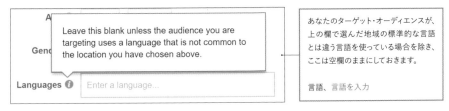

Leave this blank unless the audience you are targeting uses a language that is not common to the location you have chosen above.

あなたのターゲット・オーディエンスが、上の欄で選んだ地域の標準的な言語とは違う言語を使っている場合を除き、ここは空欄のままにしておきます。

言語、言語を入力

www.facebook.com

そして、**ウォルマート**はこうです：

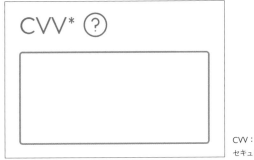

CVV：クレジットカードのセキュリティコードのこと。

www.walmart.com

開発担当者のためのメモ：

キーボードのフォーカスがアクセシブルな順番で正しく移動するなら、画面上の構成要素はどう配列してもかまいません。けれども、キーボードだけで操作するユーザーや、認知機能障害を持つユーザーにとっては、キーボードフォーカスのインジケータが画面上をやみくもに動き回ると、やはり操作はしづらくなります。ですからできるだけ、構成要素の視覚的な位置関係と文章の流れを、互いに一致させましょう（スコット・ピンクルの重要な指摘に感謝）。

同じ理由から、どんなマイクロコピーも、確認ボタンより後ろには配置しないでください。

視力障害を持つ同僚が、オンラインショッピングに挑戦したときの出来事を話してくれたので、紹介します。購入手続きを完了しようとした彼女は、確認ボタンを（5回も）クリックしたのに何も反応がなく、目的を達成できませんでした。後日彼女は、確認ボタンの下に"条件に同意する"というチェックボックスがあり、その脇には、ここにチェックを入れることが必須であるというエラーメッセージが表示されることを知りました。けれども彼女は、当然ながら、操作中にはそれらを見ることができなかったし、フォーカスが自動的にそこまで移動してくれるわけでもありませんでした。結局彼女は、膨大な時間と労力をオンラインショッピングのために費やした挙げ句、実店舗に足を運ばなければならなかったそうです。

下図の入力フォームでは、スクリーンリーダーのユーザーは、パスワードのリセットボタンを押すときに、その下にキャプチャがあることがわかりません。加えて、エラーメッセージの位置と言い方が不適当なので、スクリーンリーダーのユーザーには役立ちません。エラーメッセージを耳で聞くことしかできず、**その下にキャプチャがあることがまだわからないユーザー**は、このメッセージで問題を理解し、その解決方法を知ることができるでしょうか？

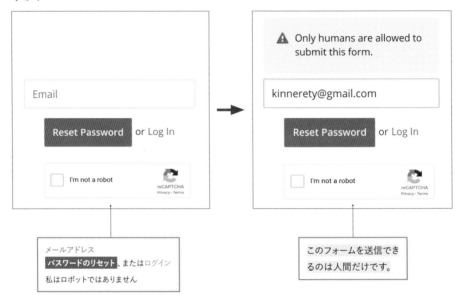

まとめ

ひとつの行動を完了するために必要なすべての情報は、事前に提示しなければなりません。ということは、入力欄のラベルの上か、または右隣です。エラーが発生するのはどんな状況かを考えて、開発段階でフォーカスが正しく移動するページを作成し、適切な操作方法を伝えるためのマイクロコピーを、確実に読んでもらえるよう配置しましょう。

2、趣向を凝らした表現をするときも、わかりやすさを犠牲にしない

読み上げられる言葉を聞くだけで、ユーザーは今自分がどこにいるか、そして次に何が起こるかを理解できるでしょうか？ 下図は、スイミングスクールのウェブサイトで、読み込み時間の現況を示す画面です。

スイミングスクールならではの工夫された表現ですが（飛び込み台まで、あと少し）、画面を見るのではなく言葉を耳から聞くだけのユーザーには、読み込みが終わるまで待たなければならないことが伝わりにくいかもしれません。

簡単な手直しで、この問題は解決できます。わかりやすい説明文を付け加えるのです：**読み込み中です；飛び込み台まで、あと少し…**

ユーザーがエンプティステートや404エラーページに辿り着いてしまった場合も現況を説明しなければなりませんが、そのときも画像だけ、または工夫を凝らした婉曲な表現だけで終わらせるのは止めましょう。また、画像と文字を組み合わせた表現も不向きです。画像で提供される情報が欠けると、メッセージがきちんと伝わらないからです。

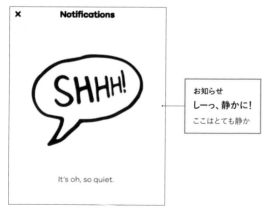

画面を見ることができないユーザーは、"お知らせ、ここはとても静か"という言葉だけを聞いて、状況が理解できるでしょうか？

エラーページやエンプティステートには、こういう言葉が必要です：お探しのページは見つかりません、結果がありません、カート内に商品はありません、新しいお知らせはありません。そして、その先に進む方法を提示します。どんなユーザーにも役立つのは、そういう対応です（第9章参照）。

会員登録ページやログインページでは、魅力的なヘッドラインでユーザーに歓迎の意を伝えることはもちろん大切ですが（第4章参照）、それが何のためのページかをきちんと言葉にすることを忘れないでください。下図は、ブライダル情報サイトの会員登録ページです。この出会いを次の段階へと進めましょうというヘッドラインは、このサイトのボイス＆トーンにはぴったりですが、ここが同サイトの会員登録ページであることを伝える言葉が足りません。

Let's take our relationship
to the next level

email:

Password: 👁

Sign up

この出会いを
次の段階へと進めましょう
メールアドレス
パスワード
会員登録

スクリーンリーダーのユーザーは、メールアドレスの入力欄に到達しても、その下にパスワードの入力欄と会員登録ボタンがあることは知らないままなので、なぜここでメールアドレスの入力が必要なのか、まだわかりません。次の段階という言葉が、メールマガジンの配信登録のことを指す可能性もあります。キーボードでナビゲーションをする彼らが、判断保留のままもう一度クリックをすると、次はパスワードの入力欄であり、"これは何のための操作なのか、なぜ私はメールアドレスを入力する必要があるのか"という疑問からは抜け出せません。

そこで本領を発揮するのがマイクロコピーです。ここが会員登録ページであることを言葉で伝え、会員登録をお勧めする理由をいくつか書き添えましょう。それは、情報を目で読み取るユーザーに対しても、非常に有効です。一石二鳥ですね。

成功メッセージとエラーメッセージでは、基本的な情報をきちんと言葉で伝えることが特に重要です。目を閉じて、あなたが書いたメッセージを声に出して繰り返し読んでみましょう。何が理解できますか？　それは、誤解の余地のないメッセージになっていますか？

成功メッセージでは、緑のVサインや笑顔の絵文字を見ることができないユーザーも、マイクロコピーを耳で聞くだけで、ひとつの行動を目的通りに正しく完了したことを理解し、成功を確認できるでしょうか？

エラーメッセージでは、赤い囲み線や赤い感嘆符を見なくても、マイクロコピーを耳で聞くだけで、どこに問題が発生し、その状況から抜け出すにはどうすればよいかを正しく理解できますか？

3. すべてのアイコンや画像に代替テキストを用意する

情報を視覚的に伝えるすべての画像やアイコンには、サイトを開発する段階で、短い文字列による代替テキストを設定しておきましょう。このテキストは、通常は画面に表示されませんが、キーボードとスクリーンリーダーを使ってナビゲートするユーザーには、この言葉が音声で伝えられます。また、接続の問題などで画像が読み込まれなかった場合は、この代替テキストが画面に表示されます。ですから、画面を目で見ることができるユーザーを含め、すべてのユーザーにとって、このテキストは有用です。

イラストレーションについては、代替テキストが必要とは限りません。それが単なるストックフォトで、情報の理解を助ける働きを持たない場合、あるいはユーザーエクスペリエンスにとってあまり重要でない場合は、キーボードでナビゲートするユーザーのために代替テキストを用意することは止めておくのが賢明です。情報が多すぎても、煩雑になるばかりだからです。

この事例では、テレビ画面に映し出されているシーンを説明する必要はないし、テレビ本体の説明も必要ありません。右側に商品説明が書かれているからです

LG Electronics (22LJ4540) 22-Inch Class Full HD 1080p LED TV (2017 Model)
by LG

Eligible for Shipping to Israel
$136.90

★★★★☆ ▾ 326

More Buying Choices
$85.41 (12 used & new offers)

LGエレクトロニクス（22LJ4540） 22インチクラス フルHD 1080p LED テレビ（2017年モデル）
イスラエルに配送できます
こちらもどうぞ

www.amazon.com

アイコンも画像です。何らかの行動や機能を表すアイコンを画面に配置するときに、画像しかなく、それらを説明する言葉（歯車、家など）が添えられていない場合は、代替テキストを設定し、それらのアイコンが設定画面やホームページへのリンクであることを明示しましょう。代替テキストが設定されていないと、スクリーンリーダーは画像、リンク、ボタンなどと告げることしかできず、それらを目で見ることができないユーザーには、どのような行動や機能が選択可能であるかがわかりません。

'i'、'!'、'?' の画像は、**詳しい情報**をオプションで提供するためのアイコンであり、これらにも代替テキストを設定して、リンク先に何があるかを言葉で説明することが必要です。たとえば：パスワードの設定方法と詳細情報などです。小さいながらも重要なこれらのアイコンに代替テキストを設定し損なうと、アイコンを目で見ることができないユーザーは、重要な情報が目の前にあることがわかりません。

注意 # 1

代替テキストに、趣向を凝らした表現は不向きです。誤解の余地のない、わかりやすい言い方をしましょう。

注意 # 2

ツールチップとして表示する情報が、かなり頻繁に参照されるようなら、画面から消えることなく持続的に表示される方法に切り替えた方がよいかもしれません。

絵文字には、既定の代替テキストがあります。マイクロコピーの中に絵文字を使った場合、それがどんな言葉に置き換えられるかを知っておきましょう。ユーチューブで公開されているモリー・バークの "What do Emojis look like?!（この絵文字はどう見えますか?!）" を参照してください。

4. リンクやボタンには "もっと見る" ではなく説明的な言葉を入れる

キーボードによるナビゲーションでは、別のページの特定の項目にジャンプすることができます：

・ヘッドラインの間だけを移動する
・リンクとボタンの間だけを移動する

画面を目で見ることができないユーザーは、この方法で現在のページの重要な要素が何であるかをすぐに把握できれば、もっとも興味のあるコンテンツに直接移動することができます。では、次ページの事例を見てください。ここでボタンからボタンへとジャンプする

と、スクリーンリーダーのユーザーにはどんな情報が届くでしょうか？

ヘッドラインはリンク領域ではないため、スクリーンリーダーのユーザーは"投稿を見る"という言葉だけを繰り返し3回聞くことになります。それらの投稿の内容がわかるようなヒントはゼロです。けれども、少しの手直しで、問題は解決します。凝ったことをする必要はありません。個々のボタンの"投稿を見る"というラベルを、たとえば次のような言葉に入れ替えるだけです：卒業式の装い、成功願望を手放そう、ギフトカタログを表示。

リンクやボタンに、移動先のページに関するちょっとした情報を書いておく方法は、**誰にとっても有益です**。スクリーンリーダーのユーザーが、興味のあるコンテンツかどうかを判断できるだけでなく、皆が期待感を持って次のページへと進んでいくことができます。

5. すべてのマイクロコピーは、画像文字ではなく通常テキスト（ライブテキスト）として表示しなければならない

スクリーンリーダーが読み上げることができるのは、通常テキストだけです。ですから、ラベルの付いたボタンが実際は画像データとして扱われている場合、またはアイコンの下の文字がアイコンと併せてひとつの画像を構成している場合、または404ページに配置した大きな画像の中に状況を説明するテキストを入れた場合などは、どのテキストもスクリーンリーダーでは読み上げられません。

下図のようなアイコン（**スポティファイ**より）をアクセシブルにするためには、マイクロコピーの部分を通常テキストとして表示するか、または適切な代替テキストを設定しておかなければなりません。

Spotify app

ページ上に持続的に表示する

フォームへの入力方法など、あらゆる操作に関する指示、ヒント、注意書きはすべて、いつでも内容を確認できる状態にしておかなければなりません。ページ上に持続的に表示するか、ツールチップにして、いつでも繰り返し読めるようにしましょう。

入力欄がフォーカスを得るとすぐに**消えるプレースホルダー**は、アクセシビリティが低く、文字を目で見ることのできるユーザーであっても使いづらく感じます。具体例として、下図の入力フォームは、アクセシブルではありません。

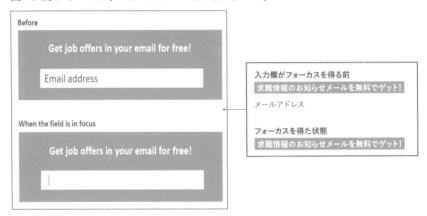

移動するプレースホルダー（下図はその一例）なら、開発時に、スクリーンリーダーで読み上げるよう設定することができます。ただしこの方法だと、視覚障害を持つユーザーに対してアクセシビリティを何とか確保することはできますが、認知機能障害を持つユーザーに対しては配慮が不足です。文字が移動すると、彼らは混乱する恐れがあるからです。ですから、**スペースに余裕があるなら**、入力欄の外にラベルを配置してください。それなら、消えることも、移動することもありません。**スペースが限られていて**、入力欄の中に文字を配置するなら、入力欄がフォーカスを得た後も、その文字が画面に残るように設定しましょう。

www.wix.com

高コントラストで表示する

視覚障害や識字障害を持つユーザーが、できるだけ文字を楽に識別し、読み進めることができるよう、マイクロコピーはすべて、高コントラスト（背景に対して）で表示しましょう。文字が読みやすいことは、それ以外のユーザーにとっても大いにプラスです。

プレースホルダーに、タスクを完了するための重要な情報が書かれているなら、それらもやはり高コントラストで表示という原則に従うべきであり、文字色を薄くしすぎないよう気をつけなければなりません。確かめておくべきことは、もうひとつあります。その情報は、本当に伝えなければならない内容ですか？　もしもそうでないなら、削除しましょう。それが、すべてのユーザーのための最善策です（第10章参照）。下図の事例のプレースホルダーは、低コントラストで表示され、アクセシビリティが損なわれていますが、それよりも内容的に不要であることの方が問題です。ですから、コントラストを高くするのではなく、削除するのが正解です。

下図は、**テスコ**のウェブサイトの会員登録フォームです。ラベルは入力欄の外側に固定されており、移動したり消えたりしないし、入力欄のコントラストも高く設定されています。この調子です。

www.tesco.com

7. シンプル・イズ・ベスト

言葉を書くとき、私たちは一般的な傾向として、読者がその意味を簡単に理解できると想定してしまいます。けれども実際は、そのような人ばかりではありません。特に略語、頭字語、駄じゃれ、言葉遊びなどは、理解できない人、または理解に努力を要する人が少なくありません。

下図のログイン画面は、クールな雰囲気に仕上がってはいますが、アクセシビリティへの配慮に欠けます。仮に、"マジックワード"という言葉がパスワードを指すことを理解できたとしても、"マジックワードをまだ持っていません"という一文が"アカウントを取得していません"の意味であることは、皆が理解できるでしょうか？ このような狙いすぎた言い回しは、誰のためにもなりません。また、ライトブルーの入力欄はコントラストが低く、文字がひどく読みにくいことも問題です。

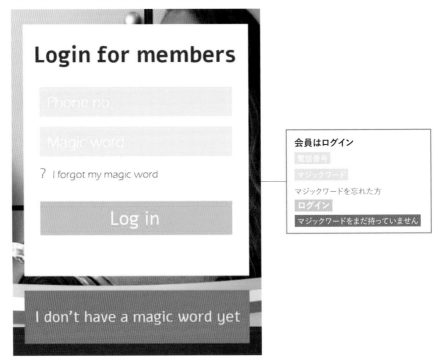

私的メモ

本章では、アクセシビリティの原則を詳しく解説しました。私はこれらの原則を学んだことで、マイクロコピーを書くというひとつの大きな取り組みにおいて、つねに直面せざるを得なかった壁を乗り越えることができました。マイクロコピーを書くときに、どの程度趣向を凝らした言い回しをしてよいかという疑問に対して、明快な答えを手に入れたからです。以来私は、自分の書くテキストが、スクリーンリーダーのユーザーや、認知機能障害を持つユーザーに読まれることを想像するようになりました。そうすれば、どこでどの程度凝った表現ができるか、そしてどこで線を引くべきかが、すぐにわかります。私が書く言葉はどんどんシンプルになり、わかりやすくなりました。そして、ここぞという場面でのみ、ちょっと気の利いた言い方をしてみるのです。

彩り豊かな、面白い、個性あふれるマイクロコピーを書く試みは、これからも続けていきましょう。ただし、**ここに書いた言葉はすべての人に理解してもらえるだろうか**と自問することだけは忘れないでください。

第 **18** 章

マイクロコピーとアクセシビリティ

フォーム入力完了率を上げるための、マイクロコピーのチェックリスト

新しいフォームをネットの世界に公開するとき、または既存のフォームで、入力を完了せずに途中で離脱してしまうユーザーや、サポートを依頼するユーザーが多すぎるときは、このチェックリストを使って内容を点検しましょう。個々の項目に関する詳しい解説は、該当する章でお読みください。

ライティングに取り掛かる前に

1、ユーザーが納得して入力を完了するだけの、十分な理由がありますか？

ユーザーは、なぜ空欄を埋めなければならないか、それが彼らに何をもたらしてくれるのかを、理解しているでしょうか？　入力フォームの最上部か、または入力フォームへのリンクが貼られたページに、その行動の真の価値を約束し実行を促すメッセージを入れましょう。

2、フォーム内のマイクロコピーが多すぎませんか？

画面に文字が詰まりすぎていませんか？　そういうことが起きやすいのは、以下のような場合です：
・説明不要な部分まで、**説明しすぎている**。
・必要な箇所だけに絞り込んで説明しているものの、言葉が多すぎる。
・UI/UXが不完全で、**直感的な操作ができない**。その場合はUXデザイナーのところに課題を持ち帰り、再検証しなければならない。

3、フォーム内のマイクロコピーが足りなくないですか？

ユーザーに負担をかけないつもりで、重要な説明や確認の一言まで省いてしまっていませんか？　操作に必要不可欠な指示が、ツールチップ内に隠れていませんか？　必要な言葉は画面にきちんと表示しましょう。

わかりやすさを大切に

4、会話体ライティング

使い慣れたいつも通りの言葉を使い、ユーザーに直接語り掛けましょう。簡潔で率直な表現を心掛けてください。

5、ユーザーが操作するエレメントのラベル

それぞれのラベルを個別にチェックしましょう。すべてのユーザーが簡単に理解できるかどうかを確認してください。

これらの言葉が**含まれない**ことを確認します：

- より平易な言葉で言い換えられるはずの専門用語。
- 内部でのみ通用するような、一般的ではない言葉。
- 抽象的な言葉や、曖昧で紛らわしい言葉。

このような言葉を見つけた場合は、次のいずれかの対策を採りましょう。
a. より簡単な言葉に入れ替える。
b. 説明を加える。

6、ユーザーに複数の選択肢を提示する場合

ドロップダウンリストやラジオボタン、チェックボックスで選択するすべての選択肢は、以下の条件を満たさなければなりません：

- 簡単に、即座に理解できる。
- それぞれの選択肢の名称が、直接的または間接的に、その内容をわかりやすく言い表している（そうでないときは、ツールチップを追加することを検討する）。
- 個々の選択肢の違いが明確である（区別しにくい項目がない）。

複数の項目を選択できる場合は、そのことを確実に伝えましょう。

7、プレースホルダー

- ユーザーが文字入力の最中に確認したくなるような情報は、プレースホルダーにしない。
- ここに記載するのは、関連性のある追加情報だけとし、ラベルの言葉の繰り返しは避ける。
- アクセシビリティのガイドラインに従い、高コントラストで表示する。

8、ツールチップ

- 定位置に持続的に表示したい重要な情報は、ここには含めない。
- 入力欄がフォーカスを得たときに自動的に表示されるツールチップは、1回限り、またはごく稀にしか入力する必要のない項目に向く。

何にも煩わされないスムーズな操作のために

9、エラーメッセージは見飽きた、うんざりだ、と思わせないように
すべての入力欄について、プロダクトマネージャーまたは開発担当者に次の点を確認しましょう：どのような入力値やフォーマットならシステムは処理できるでしょうか。どのような入力値やフォーマットが受理されず、エラーメッセージが出てしまうでしょうか？

エラーとなる入力値やフォーマットに関する注意書きを、入力欄の近くに、前もって明記しておきましょう。

10、必須項目 / 任意項目の表示
アスタリスクや"任意"という言葉で区別します。**すべての入力欄が必須項目である場合は、目立つようにはっきりとそう書くか、またはすべての入力欄にきちんと記号を付けましょう。**

11、オープンクエスチョン
・回答文の書き出しの文例を提示するとよい。文例は、**ユーザーが質問の意味を確実に理解し、テーマを絞り込むのに役立つ。**適切なヒントを提示できると、それを膨らませて回答してもらうことができる。
・回答文の文字数に制限がある場合は、その旨を明記する。文字数のカウンターを添えるのも一案。

12、スイッチとチェックボックス
ユーザーが、スイッチかチェックボックスを使ってオンかオフかを選択する項目を作るときは、**オンまたはオフのいずれかを選択するために必要なすべての情報を、確実にユーザーに提供してください。**個々の選択肢には、言外にどのような意味合いが含まれるかも伝えましょう。

13、添付ファイル
ファイルの種類やサイズに制約がある場合は、事前にわかりやすく伝えましょう。

14、エラーメッセージ
・その入力フォームで発生し得るあらゆるエラーのシナリオを、開発チームから受け取っているか？
・ユーザーのための、有用で良質なマイクロコピーが書けているか？　もっとも望ましいエラーメッセージを書くための原則に従ったか？

疑問や懸念への適切な対応

15、個人情報（メールアドレス、社会保障番号、電話番号、誕生日など）の提供を求めるとき

・何らかの個人情報を提供してもらう必要があるときは、**理由を説明**する。

・個人情報の提供が任意である場合は、**それによってユーザーが何を得るか**を伝える。

16、特殊な情報を提供してもらうとき

ユーザーは、どこを探せばその情報が得られるかわかるでしょうか？　わかりづらそうなら、探すべき場所をきちんと伝えましょう。

17、セキュリティ

・オンラインで支払い操作が行われたら、成功した時点でそれをはっきり伝える。

・情報管理を特に厳重に行うべきサイトでは、提供された情報は保護され、外部に漏らされることはないと伝える。

18、入力値の変更

・フォームへの入力値を後から変更できる場合は、その旨を明記する。そうすればユーザーは、あまり悩まずに入力操作を進めることができる。

・入力値を後から変更できない場合は、ユーザーが後悔せずに済むよう、事前に注意しておく。

クリックすれば終わりではない

19、待ち時間

読み込みや処理に時間がかかり、送信ボタンをクリックしてから成功メッセージが表示されるまでの間に待ち時間が発生する場合は、その時間をうまくやり過ごせるようなメッセージを用意しましょう。そうすれば、あなたがユーザーのために、どんな小さな物事もおろそかにせず対応していることが伝わります。

20、成功メッセージ

タスクを完了し、フォームを送信した直後にユーザーが目にするのは、どんなメッセージですか？ユーザーの成功を心から喜び、その努力を讃え、あなたが目指した良質なエクスペリエンスを締めくくるに相応しいメッセージが書けましたか？

第19章

複雑なシステムのための
マイクロコピー

*本章の執筆に際しては、熟練のUXデザイナーおよびコンテンツクリエイターの皆さんが、その知識を惜しみなく差し出し、協力してくださいました。貴重な洞察や経験やスクリーンショットを共有してくださった、以下の皆さんに感謝します：ユニークUIのジャスミン・ガルカー・バイスブルド、PTCのシャニ・ポランスキとレア・クラウスとナーマ・シャピラ、イスラエル司法省（ザ・ミニストリー・オブ・ジャスティス）のエリナー・ミシャン・サロモンとイディット・ペレド、ナイスのガリア・エンゲルマイヤー、クイックウィンのアサフ・トラフィカント。

本章の内容　・複雑なシステムの定義

　　　　　　　　・複雑なシステムにおけるマイクロコピーの価値

　　　　　　　　・なぜ複雑なシステムにボイス＆トーンのデザインが必要か

複雑なシステムとは何か？

本書の文脈において複雑なシステムとは、互いに関連し合う数多くのコンポーネントで構成されるシステムを指し、ユーザーは、機能的なニーズ、または専門的なニーズに応じてこれらを利用します。この種のシステムの操作方法は、リニア（線形）ではありません。つまり、一方の入り口からシステムにアクセスして操作を開始し、タスクを完了したら反対側の出口から出ていくという、直線的なプロセスではないということです。多様なタスクを完了するためには、何度も繰り返しシステムにアクセスし、互いに複合的に連係し合うさまざまなコンポーネントを扱う必要があります。

複雑なシステムの種類

1、エキスパートシステム

これは、さまざまな分野の専門家のために開発されたシステムです。具体例としては、遺伝子研究者のためのログ、グラフィックデザイン専用プログラム、エンジニア向けモデリングプログラム、テレマーケター（電話勧誘業者）向けコミュニケーションシステム、自動車整備士が車の不具合を特定するためのシステムなどがあります。

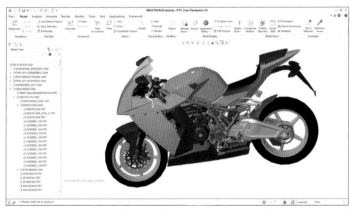

PTCのソフトウェア、クレオ・パラメトリックのスクリーンショット。この製品は、極めてプロフェッショナルな仕様のエキスパートシステムであり、エンジニアが3Dモデルを設計するときに使う

第

19

章

複雑なシステムのためのマイクロコピー

2、イントラシステム

各種のデータやプロセスを体系的に整理し管理するためのシステムです。給与支払い状況の管理、医療カルテの管理、顧客管理、売り上げ追跡、プロジェクト管理などに役立ちます。

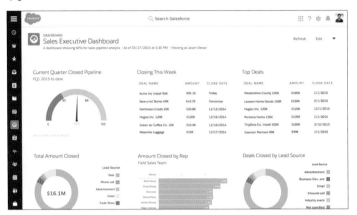

セールスフォースの CRM（顧客関係管理）システム、セールスクラウドのスクリーンショット

3、一般ユーザー向けの機能的システム

これは、ワードプロセッサー、銀行口座管理アプリケーションなど、実用的なタスクを実行するシステムです。

マイクロソフト・ワードは、一般ユーザー向けのソフトウェアですが、これも複雑なシステムのひとつです。

複雑なシステムのためのマイクロコピーというテーマに取り掛かる前に、強調しておかなければならないことがあります。複雑なシステムというのは総称であり、そこには実に多種多様なシステムが含まれるということです。たとえば、NASAのエンジニア向けに特化されたシステムもあれば、24歳のシフトリーダーがコールセンターを管理するためのシステムもあります。あるいは、アジャイル開発環境で働くデザイナーや開発者向けのシステム、医療秘書向けのシステムなど、例を挙げれば切りがありません。本章で紹介するマイクロコピーのガイドラインは、これらのシステムの大半に当てはまる内容ではありますが、**個々のシステムは、ターゲット顧客や操作環境やシステムの目的に応じた独自のボイス＆トーンを持っていることを忘れてはいけません。**この点に関しては、本章の最後に考察を加えます。

専門性と実用性

エキスパートシステムを使うと、自身の専門的スキルを活かして何かを成し遂げることができますが、そこには、並み居る仕事仲間たちに自身の高い専門性を証明する効果もあります。

ですから、マイクロコピーにも専門性が必要です。一般ユーザーのためのマイクロコピーでは、専門用語や技術用語を簡単な言葉に言い換えるのが鉄則ですが、ここでは反対に、専門用語を使うことこそが**必要**です。その理由は2つあります：

A、ユーザビリティ

ユーザーが仕事の現場で普段から使い慣れている用語を使った方が、何をするにも簡単です。

B、専門性の証明

専門用語には、そのシステムが、ユーザーの専門分野のエキスパートによってユーザーのために特別に開発されたということを伝える働きがあります。さらに、そのシステムが専門性に優れ、あらゆる専門的なタスクを最良の方法で完了できると伝える効果もあります。ですから、これは専門性の高いシステムだとユーザーに認識してもらえるような言葉を使うことが大切なのです。そうすればユーザーは、システムを全面的に信頼し、自身の専門性をそこに委ねてくれます。

ただし専門性に優れるとは、格調高く仰々しいことを意味するのではありません。そうで

はなく、目指すべきはシンプルで正確な言葉です。

なぜそうあるべきか？　第一に、複雑なシステムで実行するタスクは多くの場合、日々の業務の一部です。言い換えればそれは、ある程度忙しさに追われる中での作業です。ですから、マイクロコピーは実用的でなければ困ります。メッセージを短い言葉で、ダイレクトに、明確に、一瞬で理解できるように伝えなければなりません。そうすればユーザーは、タスクを手早くスムーズに実行できます。

技術的に高度で複雑なシステムは、この21世紀の世の中では日用品です。そこで使われるのが古い辞書の中でしか見かけないような言葉だったら、今を生きるユーザーがそれを理解するのは難しいでしょう。複雑なシステムには込み入った説明が必要なのに、伝統にとらわれた時代遅れな言葉や、的外れな堅苦しい言葉を使ったら、事態がさらに厄介になるだけです。それはぜひとも避けてください（詳しくは本書の第2章を参照してください）。

"格調高い"言葉は、専門性の証ではなく、形式にとらわれた考え方の表れです。真の価値は、明快さを極めることにこそあるのですから、**シンプルで、正確で、実用的で、アクセシブルな言葉**を選びましょう。その分野の専門家が、博士論文を書くときに使うような言葉ではなく、**人と話す**ときに使うような言葉で書く、というのがルールです。

できるだけシンプルに書くことが必要な理由は、もうひとつあります。専門性に関する理解のレベルが人によってまちまちでも、問題なく対応できるようにするためです。ユーザーの中には、初心者もエキスパートもいるし、理解力が高い人もごく普通の人もいます。ですからつねに、複雑な専門用語ではなくシンプルな言葉を使うようにしましょう。

Examples

コールセンターの業務管理システム、**ナイス**（NICE）は、こんな風にメッセージを変更しています。よりコンパクトできびきびした直接的な表現になり、ボタンのラベルも行動そのものを伝える言葉に変わりました。

イスラエルの**司法省**のシステム（ヘブライ語を翻訳）から、新旧の2通りのメッセージを紹介します。試しに、旧バージョンを読む前に、新バージョンだけを読んでみてください。専門性が感じられないとか違和感があるなど、受け入れ難く思うような要素が少しでもありますか？　ないはずです。素晴らしいコピーです。ごく普通の日常的な言葉でも、使い方次第で、専門的なテーマを扱うことができます。しかもその方が、アクセシビリティは向上します！

Before

Please note that a file already exists for the ID number entered. This fact confirms that you have already performed tasks related to us in the past. As a result, after clicking the confirmation button, you will be forwarded to an identification screen in order to generate an initial password.

旧バージョン

お知らせします。入力されたID番号のデータはすでに存在します。それはつまり、あなたが過去に私たちのサイトでタスクを実行したことがあるという意味です。その結果、確認ボタンをクリックすると、あなたは本人確認の画面に進みます。そこで初期パスワードを入力してください。

After

Your ID number already exists.
Please login or recover your password

新バージョン

あなたのID番号はすでに存在します。
ログインするか、またはパスワードを復元してください。

リアルマッチのシステムには求人広告の追跡機能があり、かつてのタイトルはこうでした：

Ad Distribution Trends and Examples — 広告到達の動向と具体例

現在は、シンプルな言葉で書き換えられて、とてもわかりやすくなりました：

Where does your ad appear? — あなたの広告は今どこに？

ユーザーに手を差し伸べる

複雑なシステムは、文字通り複雑です。一般に、ユーザーは使い方をきちんと学び、少しずつ慣れていかなければ、操作を習得することはできません。インターフェイスは見るだけで理解できなくてはならないとの原則は、複雑なシステムでは通用しないことがあります。そこには、多種多様な機能や選択肢や不確定要素があり、それらが互いに関連し合っているからです。"ユーザーは聡明だから理解できるでしょう"、"私たちが口を出さなくても、繰り返し使ってもらえれば大丈夫"、"サポートデスクに問い合わせてもらいましょう"、"わからない人は説明書を読めばよいのでは？"と言って済ませることもできますが、それとは違う積極的なアプローチもあり、その方がおそらく、より効果的です。それが、マイクロコピーを使ってユーザーをサポートする方法です（第14章も参照）。

1、タイトル

メニュー、入力欄のラベル、機能の名称、グラフのタイトル、カテゴリー名、プルダウンメニューの項目、表の行や列の見出しなどには、特に注意を払いましょう。シンプルでわかりやすい言葉を使い、データの内容や入力するべき値を正しく説明してください。誤解の余地がなく、すぐに理解できる言葉であることを確認しましょう。

2、プレースホルダーとヒント

入力値について簡単な説明をしたい場合は、入力欄の中にプレースホルダーを配置して説明文を提供するとよいでしょう（ただし、ユーザーが入力をし始めたらもう読み返す必要のない内容である場合に限ります）。また、入力欄の上に短いメッセージを配置するか、ツールチップを利用する方法もあります（第10章および第14章に、優れた事例が多数紹介されています）。小さいながらも頼り甲斐のあるこれらのツールをうまく使えば、ユーザーは取扱説明書を持ち出さなくても操作方法を理解することができます。

3、ツールチップ

入力欄をはじめとするインターフェイス上の各種要素について、やや込み入った説明をしたいときは、ラベルのすぐ後ろに小さなiアイコン（情報アイコン）を配置し、マウスオーバーでツールチップを表示して、そこに説明文を配置するとよいでしょう（できるだけ短くシンプルな言い方でまとめましょう、ただし、ユーザーがヘルプデスクに問い合わせたり、取扱説明書を調べたりせずに済むよう、必要な情報はすべてもれなく記載してください）。複雑なシステムは、一般ユーザー向けのシンプルなシステムと比べて、数多くのツールチップが必要になり、説明文も長くなるはずですが、それで問題はありません。

Examples

非常に効果的な、完成度の高いツールチップを紹介しましょう。エキスパートシステムの
ひとつである**リアルマッチ**で、表の列ヘッダに表示されるツールチップです。この説明文
は、"ステータス"列に表示されるステータスについてユーザーが了解しておくべき内容で
すが、追加情報として、多様なステータスが一通り紹介されるので、ユーザーはこのシス
テムの使い方を十分に理解することができます。

This lets you know if the ad is active or not, and if it is close to expiry. **Possible statuses are:** Active, Expired, Pending approval, Draft, Rejected, or Archived.

Status ⓘ

このステータスを見ると、広告が現在有効か無効か、そして有効期限が近いかどうかを知ることができます。ステータスの種類は：有効、期限切れ、承認待ち、下書き、却下、完了です。
ステータス

ツールチップは、さまざまな機能の利点を伝え、ユーザーがそれらを最大限に活用できる
ようサポートする目的にも使えます。

Compare the clicks generated by each site, to better manage your campaign strategy

Clicks by Sites ⓘ

個々のサイトごとのクリック数を比較し、キャンペーン戦略をさらに上手に管理しましょう。
サイトごとのクリック数

TIP 27

また?!

ユーザーの中には、毎日のように、あるいは一日に何度となく、あなたのシステム
にアクセスする人もいるでしょう。専門性の高い仕事に従事するユーザーが、あら
ゆる業務をひとつのシステムで集中的に実行し管理するケースもあるはずです。そ
のようなユーザーが、画面上のマイクロコピーを読まなくても、何も考えずいつも
通りに操作を進められるようになるまでには、ある程度の時間がかかります。

ですから、頻繁に実行されるタスクのマイクロコピーでは、あまり笑いのセンスを
駆使するのは止めておきしょう。ユーモアが似合いそうに思える場面でも、ユーザー
が日常的に実行するタスクでは、控えておくのが得策です。1回目は笑ってもらえる
でしょうが、2回目はどうでしょうか？　3回目は？　30回目は？

4、ユーザーガイドの参照先を明示する

難しい内容の長文でなければ説明できず、十分な理解のためにはどうしてもユーザーガイドを読む必要があるような場合に、よくわからなくて苛立つユーザーを放っておくことは止めましょう。ユーザーが自分で解決策を探すのに任せるべきではありません。難しい内容であることへの理解を示し、ユーザーガイドのどこを参照するべきかを明示し、できればリンクを貼ってください。

Examples

Predictive data is unavailable for this ad. This may be due to a number of reasons. See <u>the user guide</u> for more details.

> この広告に関する予測分析データが入手できません。これにはいくつかの理由が考えられます。詳しくは<u>ユーザーガイド</u>を参照してください。

RealMatch expert system

5、エラーメッセージ

エラーメッセージを見るのは嫌なものです。時間に余裕がない状況で複雑なプロセスを実行中にエラーが出たりすれば、ユーザーは本当にイライラし、やる気をなくしかねません。言うまでもなく、あらゆるエラーメッセージはシンプルかつ実用的でなければなりませんが（**第7章参照**）、複雑なシステムでは、それが一層重要です。問題を手短に説明し、その解決方法を明示して、彼らが操作を続行できるようサポートしてください。ユーザーを委縮させるような言葉ではなく、親しみやすい言葉を使うこと、不安をあおらないよう落ち着いて問題を説明すること、そして簡単に実行できる解決策を提示することが大切です。

極めて重要：システムの視点や開発者の視点からではなく、ユーザーの視点から問題を捉えましょう。そのためには、ユーザーが何をしようとしていたか、どこに不具合が生じたか、どんな方法で修正すればよいかをあなたが正確に理解しなければなりません。技術面への理解だけでなく、専門性に対する理解も必要です。

Examples

下図は、アジャイル開発環境における作業プロセスの管理システム、**PTCアジャイルワークス**のエラーメッセージです。アジャイル開発環境では、開発チームは定められたスプリント（時間枠）の中で開発を進め、各スプリントの終了時に、その枠内で開発するよう割り当てられたすべてのユーザーストーリーを完了しなければなりません。このシステムでユーザーストーリーを管理する場合は、完了したユーザーストーリーを完了（クローズ）と記録します。開発チームがいずれかのストーリーを未完（オープン）とすることを決定した場合は、そのストーリーを次のスプリントに送らなければなりません。

このエラーメッセージは、スプリント内に未完のストーリーが残っている状態で、そのスプリントを完了しようとすると表示されます。旧バージョンのメッセージは、システムの仕組みを技術的に説明して、このシステムが了承できる状況と、了承できない状況を伝える内容です。けれども新バージョンは、ユーザーの視点から書かれており、アジャイル環境に関する専門的な知識を踏まえながら、ユーザーに選択肢を提示します。つまり、未完のストーリーが残っている状態で、いったん戻るか、またはストーリーを次のスプリントに移行させるかです。言い回しも滑らかで歯切れがよく実用的であり、アジャイル手法のダイナミズムに似合っています。

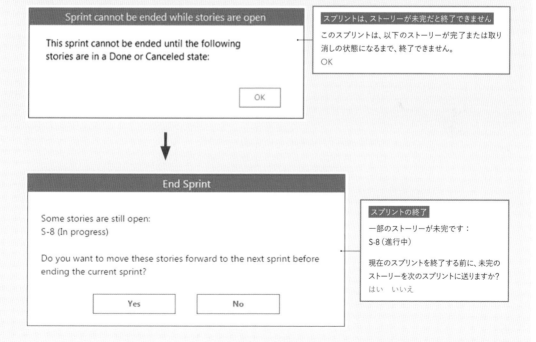

6、エンプティステート

複雑なシステムのエンプティステートは、ユーザーにシステムの働きについて知ってもらうための絶好の機会です。この空っぽのスペースを行き止まりのままにしておかず、うまく活用して、今できること、またはやるべきことをユーザーに伝えましょう。また、その機能は本来どのように動作するはずだったか、その場所では何を提供できたはずか、などを伝えるのも一案です。そして、そこから先に進む方法を説明しましょう。

Examples

"データが入手できません"（または"表示できるデータがありません"）というメッセージは、ユーザーを落胆させます。**リアルマッチ**はそのような言い方を止めて、これからどのようなデータが手に入る見込みか、そして現時点でユーザーは何をするべきかを伝えることにしました。データ収集中にユーザーがやるべきことは、とても簡単。待つことです。

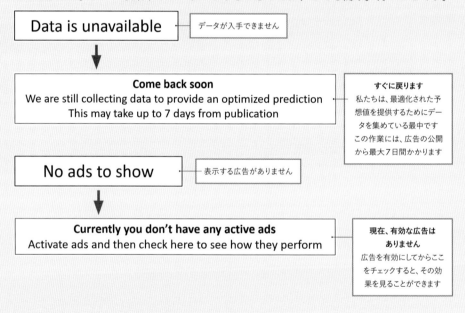

これらのメッセージのボイス＆トーンは、人間らしい味わいがあってフレンドリーでありながら、それによってブランドの専門性が損なわれてはいないことに注目してください。むしろ、新しいメッセージの方が一層専門性が感じられ、すべての情報が揃っていて、正確です。

30年間、ずっとこれでやっています！

数え切れないほどの機能を持つ複雑なシステムは、30年もの間市場で活躍し続けており、ユーザーは、すでに習得した使い方にすっかり慣れ親しんでいます。それ自体には何の不都合もありませんが、他方、ユーザーが仕事以外で使うインターフェイスとエキスパートシステムのインターフェイスとのギャップは広がるばかりです。仕事を終えたユーザーは、使いやすく設計された新型のインターフェイスでエンジョイします。そこに書かれているのは現代的なわかりやすい言葉であり、楽しく読めます。けれども次の1日がはじまって、仕事に取り掛かると、タイムトンネルを抜けて、システムが開発された時代に後戻りです。そこには、システムの開発者がすべてのマイクロコピーを書いていた当時の、古い言葉が並びます。その頃は誰もが、システムのロジックを解読する役割はユーザーが担うものだと考えていたのです。

経験豊富な上級者向けシステムには、特有の**問題**があります。旧来のボイス＆トーンを変更したくても、それがかなり難しいということです。仮に、本気で変更を決意したとしても、ありとあらゆる機能のボイス＆トーンをまとめて一気に処理することは、到底不可能です。インターフェイスの視覚的な側面においても、マイクロコピーの内容的にも。他方、もし新機能だけを対象にマイクロコピーを変更しようとすれば、同一システム内に一貫しない部分ができてしまいます。

では、どうすればよいでしょうか？　遅かれ早かれシステムを進化させたいなら、どこかの時点で着手しなければなりません。新機能に対してはすべて、時代に即したマイクロコピーを書き、何度もバージョンアップを繰り返してきた旧来の機能に対しては、マイクロコピーを刷新します。新旧の機能の間に同種の要素がある場合は、当然ながら、ユーザーが両者を簡単に関連付けられるよう、マイクロコピーをうまく調整し、ボイス＆トーンのずれを確実に解消する必要があります。幸い、複雑なシステムでは、そのような作業はさほど大掛かりなものにはなりません。なぜなら、付随的な要素は時代とともに新しくなっても、専門用語は変わらないからです。

マイクロコピーを変更するときは、事前に総合的なボイス＆トーンのスタイルガイドを完成させたうえで、そのまま残すものと変更するものを決めておくことを強くお勧めします。そうすれば、専門用語やシステムの一般的な特性を維持したまま、全体を刷新することができます。この作業には、組織内の多数の部署との連携が必要なので、従業員や経営陣の間で変化を受け入れる機運が高まるという効果もあります（自身の経験から得たこの重要な洞察を共有してくれた、PTCのシャニ・ポランスキに感謝）。

ロイヤルカスタマーは、同時に
ターゲット顧客でもあります

複雑なシステムの大半は、ある程度は市場競争にさらされていますが、一定規模の組織が全体のシステムを一新するためには巨額の財源が必要なので、結果的に多くの組織は、かなり長い間、差し当たり用が足りる程度のシステムか、あるいはやや不満を感じるくらいのシステムで間に合わせているのが実情です。現状で我慢できるなら、大きな変革に乗り出さずに済みます。加えて、たとえば政府関連機関のシステムなどでは、ユーザーが現行のシステムを特に気に入っているというケースもあります。それなら、財源を投資して何かを変える必要があるでしょうか？　これからも旧式のシステムに、何とか頑張ってもらうのが良さそうです。いえ、**頑張ってもらうしか**ありません。

ただ、ユーザーエクスペリエンスのことは、あなたも気に掛かるはずです。ユーザーに最良のエクスペリエンスを提供することがあなた自身にとって重要であり、そのために力を尽くしたいなら、あなたは以下に引用するエリノア・ミシャン・サロモンの言葉に共感するに違いありません。彼女は、イスラエル司法省のUXおよびUIチームのリーダーであり、本章の内容を丸ごと要約するような見解を示してくれました：

"**つまり、**彼らはまさにロイヤルカスタマーなのです！　けれども彼らが意欲的に仕事をしている途中で、次にやるべき物事がわからなくなって立ち往生することなど、あってはなりません。彼らのフラストレーションを、そのままにしておくべきではありません。彼らにとって必要なのは、最良の友としてのツールではなく、仕事の現場で**作業を滞らせることなく、彼らのために性能を発揮してくれる**ツールです。"

ユーザーは、あなたのシステムに満足すれば、もっと活用しようという気持ちになってくれるだろうし、アドオンを購入し、評判を広め、契約を更新してくれるでしょう。それはあなたなりの、ROI（投資対効果）です。

なぜ複雑なシステムにボイス&トーンのデザインが必要か

マイクロコピーのライティングで重要なのは、読んで楽しいテキスト、あるいは魅力あふれるテキストを書くことではありません。ユーザーに似合い、ユーザーがシステムを操作する状況に似合うボイス&トーンをデザインすることです（第1章参照）。別の言い方をするなら、正確で飾り気のないマイクロコピーは個性に欠けるという言い方は間違いであり、そこに個性はあります。飾り気がなくて正確ということが個性です。そして複雑なシステムでは、それこそがユーザーにとって必要だということが、大いにあり得ます。さらに、ユーザーが数多くの不確定要素やプレッシャー、責任、締切、不安を抱えている場合は、そのようなボイス&トーンが一層重要です。できるだけシンプルで明快なマイクロコピーを提供しましょう。あなたが彼らのためにできるのはそういうことであり、それは悲しい表情の顔文字よりもずっと共感的です。

それでは、複雑なシステムや、専門性の高いシステム、企業間取引（B2B）向けのシステムには、つねに真面目で正確なマイクロコピーが必要なのでしょうか？

いいえ、それも違います。

仕事の現場にも遊び心を

メールチンプが取り扱うB2Bシステムは、フレンドリーで人間味があって楽しく、**無数のビジネスユーザー**に愛用されています。下図は、2種の確認メッセージです。

Rock on!
Your email has been scheduled.

やったね!
あなたのメールの送信時間が指定されました。

High Fives!
Your mail is in the send queue and will go out shortly.

ハイタッチ!
あなたのメールが送信ボックスに入りました。すぐに送信されます。

エラーメッセージにも、ときどきユーモアが覗きます：

> このユーザー名を持つユーザーはすでに存在します。あなたの悪魔の双子かもしれません。不気味ですね。

メールチンプのユーザーである無数の企業は、このシステムをとても頼りにしており、メーリングリストやメールキャンペーンをこれで管理しています。そこには、多数の不確定要素、厳しい競争、さまざまな心配事、技術的に複雑な物事などが伴います。高額の予算も

投じられます。企業にとっては真剣な取り組みであり、込み入った厄介な要素が多く、今後にも大きく影響します。

そのような場面で、なぜメールチンプは、深刻さとは無縁の言い方をするのでしょうか？　また、彼らのユーザーはなぜ、そんなメールチンプに心酔するのでしょうか？　そして、メールチンプのボイス＆トーンが、コンテンツライターたちの優れた手本となったのはなぜでしょうか？

事実として言えるのは、心理的に複雑な状況や、技術的に要求が厳しい状況においても、人間味のある友好的な言葉で対応することは可能だということです。

それは確かです。ただしそれを成功させるためには、ユーザーが直面し得る多様なシナリオと、あらゆる言葉が必要とされる状況に対して、感受性を十分に働かせなければなりません。そしてもうひとつ、的確で完成度の高いボイス＆トーンが欠かせません。けれどもそれは、やろうと思えばできます。チーム内のコミュニケーションに役立つ**スラック**や、プロジェクトチームの管理に役立つ**トレロ**などもチェックしてみてください。どちらのプロダクトでも、メールチンプに劣らない、素晴らしいマイクロコピーを読むことができます。

B2Bのボイス＆トーンで特に強くお薦めしたいのが、**セールスフォース**です。"Salesforce voice and tone" でググると、その抜群にプロフェッショナルで時代感覚に優れたボイス＆トーンのスタイルガイドを読むことができます。ここではその中から2項目を、見本として紹介しましょう。

EXAMPLE 3: Widgets Message Block

(i) Widgets let you save time by building custom page elements that you can use throughout your site. Build once, then reuse.

ABOUT THIS EXAMPLE

Audience: **Admins**

Goal & tone: The goal is to quickly communicate what widgets do and their benefit for admins. The tone is direct and conversational, but not overly chatty.

事例3：ウィジェットの説明文

ウィジェットを利用すると、カスタムで作成したページ素材をサイト全体で使うことができ、時間の節約になります。1回作れば、繰り返し使えます。

この事例について

オーディエンス：**管理職層**

ゴール＆トーン：ゴールは、管理職層にウィジェットとは何かを説明し、そのベネフィットを伝えることです。トーンは、会話体による直接的な表現です。ただし、過度にくだけた言い方はしません。

事例6：開発者向けのクイックスタートのテキスト

おしゃべりは終わり；本題に入りましょう

詳細をあとで読みたい方は、それぞれのネイティブアプリの開発シナリオをまとめた、クイックスタートのトピックをご覧ください。

・iOSネイティブのクイックスタート

・Androidネイティブのクイックスタート

この事例について

オーディエンス：開発者

ゴール&トーン：ゴールは、このガイドの読者である開発者に、モバイルアプリ、セールスフォース1のための独自のアプリの制作に取り組む意欲を持ってもらうことです。トピックが、適切なトーンを設定しています。読者（開発者）が詳細情報はあまり読もうとしないという事実を認識したうえで、簡潔に、ポイントを押さえて情報を提供します。

セールスフォースによる優れたボイス＆トーンのスタイルガイド

www.lightningdesignsystem.com/assets/downloads/salesforce-voice-and-tone.pdf

マイクロコピーを書くときは、どんなシステムでも、通念にとらわれず肩の凝らない表現をするのが良いということではありません。それはまったく違います。結局のところ、**あらゆる専門的なシステム、あるいは複雑なシステムにぴったりの、ただひとつのボイス＆トーンなどというものはありません。**ブランドの個性とその目的、ターゲット顧客、顧客との関係性、作業環境などに応じて、何が適切かは大きく変わります。だからこそ、一般消費者向けのマイクロコピーでも、専門家向けのマイクロコピーでも、真っ先にボイス＆トーンを特定することが、つねに必要なのです。そうです、つねに。

大丈夫です。本書の第1章には、あなたが自分なりのボイス＆トーンをデザインするためのステップバイステップ方式の完全ガイドが掲載されています。読書の時間は終わりました。さあ、実践に移りましょう。

第 **19** 章

複雑なシステムのためのマイクロコピー

日本の読者に向けて

仲野 佑希

日本語の作法とUXライティング

50カ国以上で愛読されている本書を日本に紹介するにあたり、私たちが懸念していたこと。それは「異なる文章の作法を持つ日本でも、本書の内容は使えるのだろうか」ということでした。しかし、それはまったく余計な心配ごとでした。

本書でも示されている通り、コミュニケーションの基本はユーザーとの対話です。文法や言い回し、商習慣、文化に違いはあれど、相手の気持ちを汲み取るUXライティングのスキルは、日本の企業でもますます重宝されるでしょう。あいまいな表現や、言葉以外の意味に重きを置く「ハイコンテクスト」なコミュニケーションを好む日本人にとって、言葉に表すことはとても繊細なプロセスであり、専門家が必要なのです。

日本語のUXライティングには、もちろん日本語のルールや作法を身につけておく必要があります。たとえば、日本語の表記には 、ひらがな、カタカナ、漢字、それにアルファベットもあります。それらを使い分けるには、日本語の正しい書き方が習得できていなければなりません。ただし、同時にルールにとらわれすぎないことも大切です。 ボイス＆トーンに基づき、相手に効果的に伝わる、生きた言葉を用いることは作法以上に大事なことです。

そうした生きた言葉を用いるには、日ごろからインターフェース上の言葉に注意を向けている必要があります。例えば、テレビゲームを楽しむときや銀行のATMを利用するときに、どのような言葉が使われているのか、書く側の視点で触れてみてください。 あるいは、漫画家がどのようにキャラクターの個性を言葉でデザインしているか考えてみるのもいいでしょう。さらに、一日中、Siriやアレクサに質問を投げかけて、どんな言葉を返してくるか、興味深く聞いてみるのもいいでしょう。あらゆるところに、UXライティングのヒントが転がっているものです。

世界に広がるUXライターのコミュニティ

昨今のUXライティングの高まりを受けて、世界中でオンラインコミュニティが立ち上がっています。参加者1万5000人を超える世界最大のフェイスブックグループ『Microcopy & UX Writing（英語）』をはじめ、イタリア語、ドイツ語、ポルトガル語など、言語別のコミュニティへと広がりを見せています（著者であるキネレット・イフラさんは、ヘブライ語を公用

語とするイスラエルのコミュニティの第一人者です）。

日本においても、フェイスブックグループ『Microcopy & UX Writing Japan』が立ち上がったばかりです。みなさんが見つけたユニークなマイクロコピーのスクリーンショットをシェアしたり、ライティングの上での疑問をぶつけてみてください。きっと、新たな発見があるはずです。

https://www.facebook.com/groups/130943384789501/

テクノロジーの分野で輝きを放つUXライターの未来

UXライティングは何年にも渡って長い道のりを歩んできましたが、ここ数年で大きく需要が拡大している分野です。その理由のひとつが、DX（デジタルトランスフォーメーション）の波です。多くの企業がデジタル化を推し進めていますが、その一方で、テクノロジーに精通したライターの数はまだまだ足りていません。例えば、ブッキングドットコムでは5〜6人のデザイナーに対し1人のUXライターを迎え入れていますが、それでも足らず、チームにおけるUXライターの比率は年々高まっています。

2020年代に入り、日本国内においてもUXライターを採用する企業が現れました。もしみなさんがコミュニケーションに携わる職業、例えばデザイナー、テクニカルライター、広告分野のコピーライター、ジャーナリストとして働いているのなら、そのスキルと感性を活かすチャンスです。プロダクトマネジメント、ユーザービリティ、アクセシビリティ、情報アーキテクチャの経験があるのなら、なお一層、UXライティングの分野でその強みを発揮することができます。

チャットボットや音声アシスタントの普及が示すように、「会話」そのものがインターフェースに置き換わりつつある今、UXライティングは人とデジタルプロダクトとの結びつきを強める秘密兵器です。テクノロジーに温もりや人間らしさを与えること。これこそがAI時代のライターに求められるスキルであり、UXライターの活躍の場は今後も増えていくことでしょう。

執筆者プロフィール

キネレット・イフラ（Kinneret Yifrah）

イスラエルのトップクラスのマイクロコピー専門スタジオ、ネマ
ラの代表。デジタルプロダクトのコンテンツとマイクロコピー
のライティングで10年の実績を誇り、あらゆる業界、あらゆる
規模の企業のためにボイス&トーンのデザインを続けている。
また、イスラエルを拠点にマイクロコピーのコミュニティを運営
し、講演やワークショップも開催。

装丁・デザイン	武田厚志（SOUVENIR DESIGN INC.）
レイアウト	木村笑花（SOUVENIR DESIGN INC.）
編集	関根康浩

<ruby>UX<rt>ユーエックス</rt></ruby>ライティングの教科書
ユーザーの心をひきつけるマイクロコピーの書き方

2021年2月15日　初版第1刷発行
2022年5月15日　初版第3刷発行

著　者	キネレット・イフラ
監修者	仲野 佑希
訳　者	郷司 陽子
発行人	佐々木 幹夫
発行所	株式会社 翔泳社
	〒160-0006 東京都新宿区舟町5
	https://www.shoeisha.co.jp/
印刷・製本	株式会社 広済堂ネクスト

ISBN978-4-7981-6733-6　Printed in Japan